受動歩行ロボットのすすめ

― 重力だけで2足歩行する ロボットのつくりかた ―

博士（工学） 衣笠　哲也
工学博士　　大須賀公一　共著
博士（工学） 土師　貴史

コロナ社

まえがき

　著者らは「受動歩行」に興味を持っている．これは古くから知られていた現象で，1章の図 1.1 や図 1.2 にあるように，緩やかな坂道をトコトコと歩き下るオモチャにみられる．したがって，本書はオモチャのような歩行機「受動歩行ロボット」に関して書かれたものである．しかしながら，もちろんそれは単なるオモチャではない．見た目は確かにロボットとはいえないくらい単純な構造である．モータもセンサもコンピュータもついておらず，やっぱりオモチャにしかみえない．あるいは，うまくつくられた多リンク機構が坂道におかれることで定められた周期運動が生み出される，単なる非線形力学系にしかすぎない．でもやっぱり違うのである．この受動歩行ロボットが坂道を下る様子を観たとき，「歩く」という表現が自然に思い描かれた時点で，すでに表面的な現象の奥に，歩行制御のためのなんらかの構造を見出そうとする「こゝろ」が私達の心のうちに生まれている．そして，その歩行原理を知りたいという気持ちが生まれていることを自覚する．そもそも，だれも制御していないのにどうして「あたかも歩いている」かのような挙動が生まれるのか？　少しくらいの歩容変動があっても安定に歩行を継続するのはなぜか？　考えてみると不思議である．そして，もしかしたらこの単純な現象はわれわれ生物が歩行していることに対する科学的な納得を与えてくれるのではないかと想像を膨らませる．

　そう，私達には，この受動歩行ロボットを通して，その向こう側に興味深い力学系の世界や制御学の世界，あるいは生物学の世界がみえているのである．いわば，受動歩行ロボットは，表面的な現象とその奥にあるファンタジーな知的好奇心をくすぐる理学の世界とを結ぶ「風穴」なのである．この穴は非常に小さくて，一見とるにたらない些細なことなのだが，その穴を通して奥を観ることができればすばらしく面白い世界がみえてくるのである．だから，受動歩行ロボッ

トを単なるオモチャと侮ってはいけない。1796年，細川頼直は「機巧図彙[†1]」の序文（図1）[1)][†2]で「カラクリ人形のようなものは子どもの遊びのようなものであるが，みる人の心持ち次第によっては，新しい発見や発明のきっかけになる」と述べている。まさにそのとおりである。

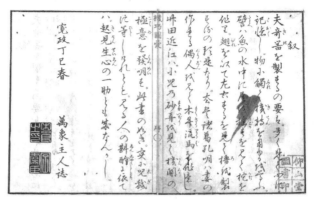

図1 機巧図彙，叙（国立国会図書館ウェブサイト）

　本書は，そんな不思議な世界と現象の世界を結ぶ「受動歩行ロボット」をとにかく実際につくって動かしてみることによって，「風穴」を体感できることを目指して書かれている。したがって，まず Part I で第一義的に「つくる」ことを目指す。しかし，ただつくるだけではなく，数理的な考察が展開できるように，受動歩行ロボットの力学についても Part II でポイントを述べる。

　具体的に，図2に示すように Part I では，1章で受動歩行ロボットをものづくり教育に導入することを提案し，2章では受動歩行についての歴史的な説明を行った後，3章では具体的な受動歩行ロボットのつくりかたを紹介する。何事もやってみなくてはわからない。そこで本章は，ここに書かれてあるようにつくればだれでも容易に歩く受動歩行ロボットができるよう工夫されている。4，5章では，3章でつくる受動歩行ロボットはどうやって設計されたのかを説

[†1] 1796年に書かれた日本で最初のカラクリ人形に関する技術書である。そこには，カラクリ人形の技術的基盤になっている数々の和時計の解説や，多くのカラクリ人形の説明，そして部品図や組立図などが詳細に書かれている。

[†2] 肩付き番号は巻末の引用・参考文献を示す。

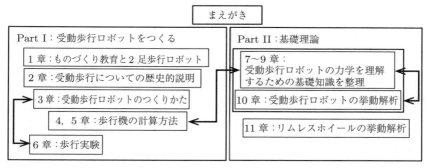

図 2 本書の章立てと各章の並びを越えたつながり（矢印）

明する。そして 6 章では，試作した受動歩行ロボットを使った歩行実験の方法について解説する。ここでは受動歩行ロボットが持っているさまざまな性質を実験によって確認する。続く Part II では，7〜9 章で，受動歩行ロボットの力学を理解するための基礎知識を整理する。そして 10 章と 11 章ではそれらの知識を踏まえて，受動歩行ロボットとリムレスホイールの歩行ロボットとしての挙動の解析方法を紹介する。

　さて，ある現象の理解の方法は唯一ではない。いわゆる「視座（視点）」をどこに据えるかによって異なった理解が可能になる。そういう意味で本書は，受動歩行ロボットの歩行現象を「力学現象的な視座」で見るという立場をとってまとめている。なぜなら，その機体には（常識的な）ロボットとしての三種の神器である「アクチュエータ」，「センサ」，「頭脳」が組み込まれていないからである。したがって，本書で取り扱っているのは「受動歩行ロボット」というよりは，むしろ「受動歩行機」というのが正確な表現である。実は私達は，受動歩行ロボットが坂道を歩き下る様子を見ると，つい「ロボット」を感じてしまう。そこを本書では冷静に「機械」であるという観点を貫こうというのである。

　一方，本書の範囲を超えるのでここでは述べない[†]が，受動歩行ロボットを「制御の視座」で見ると，そこにはある種の制御構造（先ほどの「三種の神器」）が自然物として組み込まれているように観えてくる[2],[3]。興味深いことに，そ

[†] 11 章のコーヒーブレイクで簡単に触れる。

うすると再び「機械」が「ロボット」に見えてくるのである．まさに，「だまし絵」のように，視座をかえるとそれに応じて見え方が変わる．「受動歩行ロボット」とはそんな興味深い存在なのである．本書の範囲を超えるのでここでは詳細について述べないが，受動歩行ロボットを「制御の視座」で見て，そこに埋め込まれている制御構造について探求することも可能である[2],[3]．理想的には，上の二つの視座を重ね合わせて理解することが望まれるので，是非試みていただきたい．

　ということで，読者の皆さん，本書で「受動歩行ロボット」という（一見オモチャのようにみえる）「風穴」を最短コースで具体的に体感して興味を持っていただけたなら，その勢いで，この穴をくぐり抜けて，不思議な世界に足を踏み入れてみてください．きっとやみつきになること間違いないです．

2016 年 8 月

大須賀公一

目　　　次

──── Part I　受動歩行ロボットをつくる ────

1.　ものづくり教育と2足歩行ロボット

2.　受　動　歩　行

2.1　2足歩行ロボット ………………………………………………… 5
　2.1.1　軌道追従制御に基づく2足歩行 …………………………… 5
　2.1.2　Hopping Machine とその系譜 ……………………………… 6
　2.1.3　コンピュータもアクチュエータもセンサもない2足歩行ロボット　7
2.2　受　動　歩　行 …………………………………………………… 8
　2.2.1　受動的であること ……………………………………………… 9
　2.2.2　最も単純な受動歩行機：リムレスホイール ………………… 9
　2.2.3　2脚を持つ最も単純な受動歩行機：コンパスモデル ……… 11
　2.2.4　2次元歩行と3次元歩行 ……………………………………… 13
2.3　受動歩行の特徴 …………………………………………………… 15
　2.3.1　動　　歩　　行 ………………………………………………… 15
　2.3.2　歩行軌道の安定性 ……………………………………………… 16
　2.3.3　より安定な受動歩行 …………………………………………… 19
　2.3.4　受動歩行のカオス的挙動と歩容の変化 …………………… 20
　2.3.5　適応的な振舞い ………………………………………………… 20

   2.3.6　適応性を利用した歩行機の設計 ………………………… *21*
   2.3.7　人の歩行との類似性 ………………………………………… *22*
2.4　受動歩行の拡張 ……………………………………………………… *24*
   2.4.1　受動歩行から受動走行へ：ロコモーションの遷移 ………… *24*
   2.4.2　2足受動歩行から多足受動歩行へ：身体形状の変化 ……… *25*
   2.4.3　受動歩行から能動歩行へ …………………………………… *26*
2.5　受動歩行を研究する意義 …………………………………………… *27*

3. 段ボール受動歩行機のつくりかた

3.1　受動歩行機を段ボールでつくってみる
　　　（3次元2足受動歩行機 RW–P00）……………………………… *30*
3.2　段ボールを使った3次元2足受動歩行機 RW–P01 ……………… *31*
3.3　プラスチック段ボール（プラダン）を使った
　　　3次元2足受動歩行機 RW–P02 ………………………………… *32*
   3.3.1　用意する材料 ………………………………………………… *33*
   3.3.2　製作手順 ……………………………………………………… *34*
   3.3.3　治具の導入による組立精度の向上 ………………………… *38*
3.4　松江工業高等専門学校における歩行機の発展 …………………… *39*
   3.4.1　竹ひごを用いた股関節軸 …………………………………… *40*
   3.4.2　固定方法の変更 ……………………………………………… *41*
   3.4.3　転倒への対処 ………………………………………………… *42*

4. 段ボール3次元2足受動歩行機の設計法

4.1　歩行機のモデル ……………………………………………………… *45*
4.2　歩行機の設計指針と設計手順 ……………………………………… *47*

4.2.1	Step 1：歩行機の外形 ………………………………	50
4.2.2	Step 2：重心位置 ……………………………………	50
4.2.3	Step 3：慣性モーメント ……………………………	51
4.2.4	Step 4：運動方程式とステップ時間 ………………	52
4.3	3次元2足受動歩行機 RW–P02 の物理量と理論値 …………	53

5. 3次元2足受動歩行機の数理モデルと固有振動数

5.1	簡略化モデル ………………………………………………	55
5.2	矢状面（yz平面）内における遊脚の運動 ………………	56
5.2.1	モーメントの釣り合いによる運動方程式の導出 ………	57
5.2.2	線形化 ………………………………………………	57
5.3	正面（xy平面）内における歩行機全体運動方程式 ………	58
5.3.1	運動エネルギー …………………………………………	59
5.3.2	ポテンシャルエネルギーとラグランジアン ……………	60

6. 歩 行 実 験

6.1	斜　　　面 …………………………………………………	63
6.2	基 礎 実 験 ………………………………………………	64
6.2.1	遊脚の固有振動数 ………………………………………	64
6.2.2	歩行機全体の正面内の固有振動数 ……………………	65
6.3	歩 行 実 験 1 …………………………………………	65
6.3.1	足底形状の調整 …………………………………………	66
6.3.2	歩 行 実 験 …………………………………………	67
6.4	歩行実験2：歩容を変化させる …………………………	68
6.4.1	股関節位置に対する歩容の変化 ………………………	68
6.4.2	脚間距離に対する歩容の変化 …………………………	69

—— Part II 基 礎 理 論 ——

7. 受動歩行機設計のための力学

- 7.1 質点の並進運動（ニュートンの運動方程式） ································ 72
- 7.2 並進運動から回転運動へ ·· 73
- 7.3 剛体の回転運動 ·· 74
  - 7.3.1 細い棒の回転運動（オイラーの運動方程式） ························ 74
  - 7.3.2 棒振り子の運動方程式（オイラーの運動方程式） ················· 79
  - 7.3.3 テイラー展開と運動方程式の線形化 ······································ 81
- 7.4 ラグランジュの運動方程式 ·· 83
  - 7.4.1 ラグランジアンの導出 ··· 85
  - 7.4.2 ラグランジュの運動方程式 ·· 88
- 7.5 衝 突 ·· 88
  - 7.5.1 運 動 量 ·· 89
  - 7.5.2 質点の衝突と完全非弾性衝突 ··· 89
  - 7.5.3 角 運 動 量 ·· 91
  - 7.5.4 回転運動する剛体の衝突 ·· 96

8. さまざまな剛体の重心位置とその合成

- 8.1 重心の合成と剛体の重心 ·· 99
- 8.2 歩行機と遊脚の合成重心 ·· 101
  - 8.2.1 基本図形の重心位置：ステンレス棒（円柱） ······················ 101
  - 8.2.2 基本図形の重心位置：腿部（直方体） ································ 102
  - 8.2.3 基本図形の重心位置：足部（扇形） ···································· 102

8.2.4　歩行機の合成重心 ………………………………………… *103*

9.　さまざまな剛体の慣性モーメント

9.1　慣性モーメント再考 ………………………………………………… *105*
9.2　一　様　な　棒 ………………………………………………………… *106*
9.3　一　様　な　円　板 …………………………………………………… *107*
9.4　一様な長方形（腿部） ……………………………………………… *108*
9.5　円弧に囲まれた一様な図形（扇形，足部） ……………………… *109*
9.6　歩行機全体の慣性モーメント ……………………………………… *111*
　　9.6.1　歩行機全体の回転中心 C_L まわりの慣性モーメント ………… *111*
　　9.6.2　遊脚の股関節 C_h まわりの慣性モーメント ………………… *113*

10.　歩行機の運動解析

10.1　ラプラス変換 ……………………………………………………… *114*
10.2　線形システムの解 ………………………………………………… *116*
　　10.2.1　粘性抵抗を持たない場合 ……………………………………… *116*
　　10.2.2　粘性抵抗を持つ場合 …………………………………………… *119*
10.3　位　相　図 …………………………………………………………… *121*
　　10.3.1　線形システムの位相図 ………………………………………… *121*
　　10.3.2　非線形システムの位相図 ……………………………………… *122*
10.4　安　定　性 …………………………………………………………… *124*
　　10.4.1　平　衡　点 ……………………………………………………… *124*
　　10.4.2　平衡点近傍における線形近似システム ……………………… *125*
　　10.4.3　安　定　性 ……………………………………………………… *127*
　　10.4.4　歩行機の安定性 ………………………………………………… *128*

11. リムレスホイールと周期軌道の安定解析

- 11.1 2足歩行とリムレスホイールの運動 ································· *130*
- 11.2 リムレスホイールの数理モデル ································· *131*
    - 11.2.1 片脚支持期：倒立振子モデル ································· *132*
    - 11.2.2 両脚支持期：衝突問題 ································· *133*
- 11.3 ポアンカレ写像 ································· *136*
    - 11.3.1 片 脚 支 持 期 ································· *137*
    - 11.3.2 両 脚 支 持 期 ································· *139*
    - 11.3.3 $k+1$ 歩目の初期状態 ································· *139*
    - 11.3.4 不動点（周期解） ································· *140*
    - 11.3.5 ポアンカレ写像 ································· *140*
    - 11.3.6 不動点の安定性 ································· *141*
    - 11.3.7 ポアンカレ写像（非線形系の場合） ································· *144*
- 11.4 リムレスホイールの周期的挙動と軌道の安定性 ················· *147*

付　　　　　録

- A.1 大学生対象の講義と小学生対象の工作実験教室 ················· *149*
    - A.1.1 RW–P00 および RW–P01 による講義と工作実験教室 ········ *149*
    - A.1.2 RW–P02 ································· *151*
    - A.1.3 松江工業高等専門学校での取組み ································· *154*
- A.2 歩行機設計用エクセルシート ································· *156*
- A.3 ノウハウとトラブルシューティング ································· *158*
- A.4 リムレスホイールのシミュレーションプログラム ················· *159*

引用・参考文献 ································· *165*

索　　　　　引 ································· *170*

― Part I 受動歩行ロボットをつくる ―

1 ものづくり教育と2足歩行ロボット

近年,日本の子供たちにみられる理科離れとその対策としての科学技術教育に関する取組みが注目され,ロボット工学分野においてもさまざまな試みがなされている[4)～9)]。こうした取組みの中で,小学生から大学生に至るまで,科学に(工学分野ではものづくりに)興味を持ってもらうための,また,工学の基本的な概念を理解するためのさまざまなロボットに関連する教材が考案・改良されている[10)～17)]。本書で扱う2足歩行は小学生でも十分興味を持つことができるテーマであり,両者をうまく統合することができれば新たな教材として有望であると考える。さらに,生物の2足歩行は身体の持つ振動特性に基づいてきわめて効率的に実現されており,固有振動が物体の運動の基本的な概念の一つという意味でも,これを理解することは非常に重要である。

しかしながら,従来の2足歩行ロボットと呼ばれるものは一般に高価であるとともに,多くの関節自由度を同時に制御するなど,動作させるにはきわめて高度な技術が必要となる。したがって,このような複雑な機械としての2足歩行ロボットをテーマにものづくり教育を実施する際,小学生でも製作可能で,かつ,安価な教材を準備することは難しい。

これに対して,動力装置を持たず緩斜面上をトコトコと自然に歩行する受動歩行機†がある[18)]。受動歩行機は構造が簡単なため,古くから図 1.1 に示すような玩具[19),20)]として存在し,最近では図 1.2 (a) に示すようなチェコの DIHRAS 社による木製幼児用玩具[21)]があり,こちらは象を後ろに傾けて手を離すと斜面

---

† 本書では受動歩行ロボットではなく受動歩行機と呼ぶことにしたい。詳しくは 2 章のコーヒーブレイク「ロボットとはなにか?」を参照のこと。

1. ものづくり教育と2足歩行ロボット

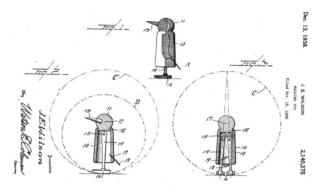

図 **1.1** Walking Toy(米特許 2140275, J.E. Wilson)

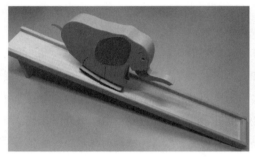

(a) Walking Toy(DIHRAS 社)　　(b) KAMITOKO(ふわり氏)

図 **1.2** 歩行玩具

を歩くように下っていく。ほかにも,図 (b) のペーパークラフト[22]や針金による簡単な受動歩行機[23]などさまざまなものが実現されている。

また,振り子の運動は小学校および高等学校の新学習指導要領[24]の項目(中学校は運動とエネルギー)として挙げられているため,理科教材としても導入することが容易であると考えられる。実際,受動歩行を導入した例もいくつか存在する[25], [26]。例えば,鈴木ら(東北大学)は高校生に対して図 **1.3** に示すような受動歩行機を使った出前授業を行っている[25]。

さらに,工業高等専門学校や大学においても,力学的な知識に基づいて受動歩行機を設計・製作し,実験を通して振動現象や歩行に関する考察を行うこと

1. ものづくり教育と2足歩行ロボット　3

(a) 受動歩行機

(b) 授業の様子

図 1.3　鈴木らによる出前授業

ができれば，基礎的な力学の深い理解につながるだけでなく，理論に基づく設計の重要性を認識するための教材となることが期待できる。もちろん一般の方に対しても，まえがきで述べているように受動歩行は興味深い現象で，しかも，歩くといった表面的な現象と，その奥にある理学の世界と結ぶ「風穴」として知的好奇心をくすぐるテーマである。

そこで本書は，100年以上前からすでに存在する2足受動歩行玩具[19],[20]（図 1.1）をもとに，加工が簡単なプラスチック段ボール（プラダン）板によって，図 1.4 の3次元2足受動歩行機を製作する方法について詳しく述べる。また，歩行機の固有振動数に基づいてシステマティックに設計する方法についても，基本的な力学の解説を交えながら詳細に説明する。さらに，付録として著者らが実施した講義の様子や小学生を対象とした工作教室の様子について紹介する。

図 1.4　プラダンによる3次元2足受動歩行機

> **コーヒーブレイク**
>
> **2足歩行を実現する試みの歴史**
>
> 　2足歩行を人工物によって再現することは古くから試みられている。例えば，図(a)に示すように，1868年のアメリカの特許[27]に，蒸気機関で動作する，荷車を引く2足歩行ロボットが見られる。その後，有名なGeorge Mooreの蒸気人間[28]が1893年に登場する（図(b)）。いずれも荷車を引いたり横方向への転倒を防止する水平棒が取り付けられたりと単独での歩行は実現されていないようである。ヒューマノイド（人型ロボット）による単独での2足歩行が実現されるのは，早稲田大学の加藤らによる1973年のWABOT–1まで待たないといけない[29]。
>
>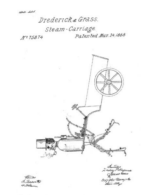
>
> 　(a)　Steam Carriage　　　　(b)　Steam Man (G. Moore)
> 　　　（米特許75874,
> 　　　Drederick & Grass）
>
> 　　　　　図　蒸気機関2足歩行ロボット
>
> 　2足歩行を実現しようという動機は人に代わる労働力としてのロボットをつくることや，人に近い歩行動作を実現し，これを構成論的[30],[31]に理解する（p.23のコーヒーブレイクに後述）ことまでさまざまであるが，単純に2足歩行するものをつくりたいという興味から始まっているのではないだろうか。

2 受動歩行

本章は，2足歩行ロボットの研究がどのような流れで進められてきたのか，代表的な2足歩行の実現方法や具体的なロボットについて，本書の主題である受動歩行も交えながら，おおまかな流れを述べる。受動歩行については，その興味深い特徴と意義について述べるとともに，実現されてきたいくつかのロボットについて紹介する。

2.1 2足歩行ロボット

2.1.1 軌道追従制御に基づく2足歩行

2足歩行ロボットの研究はこれまでに日本で数多く行われてきた。主要な研究として，1970年代から行われている早稲田大学のヒューマノイドの研究[29]，1996年に発表され専門家だけでなく一般の人も含めて世界中に衝撃を与えたHondaのヒューマノイドP2とその後継機種であるASIMOの研究開発，さらに，日本の主要な研究機関である産業技術総合研究所のHRPシリーズの研究などが挙げられる。これらのロボットに2足歩行させるための基本的なアイディアは，あらかじめ用意された歩行パターンから各関節の目標軌道を計算し，これに追従するように関節角度を制御する軌道追従制御手法で，ZMP（zero moment point）と呼ばれる転倒を防止するための指標をチェックし状況に応じて制御しながら安定な歩行を実現する[†]。特徴的な点として，直立時も含めてつねに膝を

[†] ZMPは重心の地面へ投影した点に加速度などの影響を加えたものである。2.3.1項も参照するとよい。

曲げて歩いていることが挙げられる。これは，転倒を防止するためにZMPの位置を制御するときに上下方向（厳密には接地点もしくは足関節と股関節をつなぐ線上）に重心を移動させるうえで必要な姿勢である。膝を突っ張っている状態では自分の重心位置を自由に制御できないので，ZMPを制御することができず，転倒につながることになる。この手法は単に水平面上において2足歩行を実現するだけでなく，ちょっとした凹凸への対応や階段の昇降，人と協調しながら荷物を運搬するなどさまざまな行動が可能である。さらに，ASIMOやSonyのQRIOおよびトヨタ自動車のヒューマノイドロボットなどは，ジョギングレベルの2足走行も実現している。

最近では，ヨーロッパや，韓国をはじめとする日本以外のアジア諸国でもこの軌道追従制御のアイディアに基づいたヒューマノイドの研究が盛んに行われるようになってきている。

2.1.2 Hopping Machine とその系譜

アメリカでは1980年代にMIT（マサチューセッツ工科大学）のRaibertらによるHopping Machineとそれに関連する2脚や4脚の走行と歩行の研究が行われている[32]。前項の軌道追従制御とは方向性が異なり，空気圧によるバネのような機構でジャンプし，着地するべき場所に足先を制御するという非常にシンプルな手法を用いており，自然な走行を実現するという興味深い研究である。現在，この研究はBoston Dynamics社の4脚ロボットBigDogやヒューマノイドロボットPETMANとAtlasの開発につながっている。2008年に公開された氷で滑っても転ばないBigDogや，2016年に公開された雪の残る山の斜面を歩くAtlasの様子は，HondaのP2が発表されたときの印象に通じるほど衝撃的なものであった。Raibertの考え方は走行の基本原理と考えられるホッピングに基づいているため，BigDogに象徴されるように非常に適応力の高いロボットが実現されている。2足歩行という観点では，Atlasが歩行時に膝を曲げていることから，前項の軌道追従制御に基づいているものと考えられる[†]。

[†] 制御方法が公開されていないため詳細は不明である。

2.1.3 コンピュータもアクチュエータもセンサもない2足歩行ロボット

前述した軌道追従型の2足歩行やホッピングを含む2足走行では，歩行と走行のパターンや手法があらかじめ決定されているため，これらのロボットが環境の変化や身体形状，移動速度などにあわせて歩行と走行を遷移させることは難しい．遷移させることができたとしても，やはり歩行と走行のパターンや手法を別々に用意しながら切り替えるなどの手法を行うものと予想され，人がそのように面倒な制御方法を使って歩いたり走ったりしているとは考えにくい．

ではここで，いろいろな方法が提案されている2足歩行のための制御とこれを実現するための装置をどんどん取り外すことを考えてみよう（図 2.1）．まず，人との協調作業や障害物回避のための機能など高度な判断をつかさどる部分を取り除く．このような機能を持ち合わせるロボットは非常に少ない．持っていたとしても，特定の障害物の回避など，ごく限られた機能のみである．この場合のロボットは基本的な運動制御機能は持ち合わせているので，センサ情報を使ってモータなどのアクチュエータを制御することで歩くことは可能である．実際，ほとんどの2足歩行ロボットはこの状態といってもよい．現在の研究も，どうやって歩くのか？ということがいまだに主要なテーマの一つである．さらに，この基本的な運動制御機能とモータやセンサも取り除いてしまう．

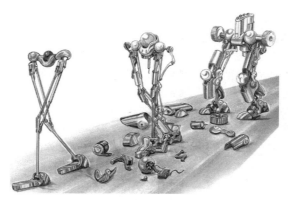

図 2.1 究極のロボット？（原画：TAKU）

残るのは骨格だけである（図 2.1 左）。ただし，関節でつながれているものとする。この状態でロボット（もはやロボットと呼ぶのは微妙になってきたが）は 2 足歩行が可能なのだろうか？

じつは，この骨格だけのロボットは，適当な勢いをつけると緩やかな下り坂を歩くことができる。この歩行を受動歩行（passive dynamic walking）という。

2.2　受　動　歩　行

受動歩行は，1980 年代後半にサイモンフレーザー大学の McGeer[18]によって研究がはじめられた 2 足歩行の一形態で，その歩容（歩く様子）は非常に自然で人間に近い（と感じる）。また，適応的な性質を持ち，そもそもモータなどを一切持たないリンク（棒状の部品，骨に相当するとみてもよい）と関節の集まりが「2 足歩行」を創発するという非常に興味深い現象である。**図 2.2** は

コーヒーブレイク

除脳ネコ

　生物の脳を取り除いても歩行は可能なのか？　逆に，脳や神経のどの部分が歩行をつかさどっているのか？　という疑問は多くの研究者にとって興味深いテーマである。現在では倫理的に動物の脳を取り除く実験というのはなかなか許されるものではないが，過去にはそのような研究が行われていた。ネコの脳の一部を取り除き，歩行が可能かどうか調べるというじつにマッドな実験である。この実験から，大脳などを取り除き，脳幹を含む一部の脳を残すと多くの感覚機能や運動機能は失われず，簡単な電気刺激を与えるだけでトレッドミル（ベルトコンベア状器具）を歩行し，しかも，速度に応じてその歩行パターンを変えるということがわかっている。脳幹や脊髄および末端につながる神経系は，外部からの刺激に対する反射や生命を維持するうえで必要となる心臓の拍動など原始的な部分の制御器とみなされる。つまり，歩行をはじめとする移動のための動作は，ものを考えたり記憶したりするといった複雑で高度な処理を必要としないのである。ロボットも感覚機能（センサ）と運動機能（アクチュエータ）を与えればかなり原始的な制御をするだけで歩くことができるのかもしれない。

図 2.2 脚対称構造の受動歩行機
（大阪電気通信大学入部研究室）

McGeer の初期の受動歩行機に近い形状をした，大阪電気通信大学入部研究室の脚対称構造の受動歩行機[†]である[33), 34)]。

2.2.1 受動的であること

受動歩行機を除いた2足歩行ロボット（ここで，ロボットなのか？ という話は置いておく）のすべては，モータなどのアクチュエータ（駆動装置）を使って歩行する。人間も筋肉というアクチュエータを使って歩行している。この動力を能動的に与えることで可能となる歩行のことを能動歩行という。もちろん，アクチュエータによってエネルギーを供給しなければ，水平面や上り坂などを歩行し続けることはできない。しかし，この受動歩行機はリンクと摩擦の小さい回転関節だけでつくられていて，モータなど歩行のためのエネルギーを供給する装置はまったくついていない。つまり，能動的ではなく受動的に歩行するという意味で受動歩行と呼ばれる。

2.2.2 最も単純な受動歩行機：リムレスホイール

McGeer の受動歩行に関する研究は，にわかには歩行機のモデルと考えにくいリムレスホイールから出発している。リムレスホイールとは，馬車や自転車

[†] モータがついているが，これは地面に遊脚側の足底が接触するのを防ぐためのもので，推進力を与えるものではない。McGeer も初期の歩行機にこのような伸縮機構を用いている。

の車輪のリム（外側の輪）がなく，**図 2.3** に示すようなスポークだけの車輪のことで，Margaria の『Biomechanics and Energetics of Muscular Exercise』[35] において導入されたモデルである。

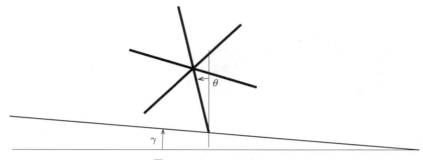

図 2.3 リムレスホイール

2足歩行は，地面に着いて体を支えている支持脚とぶらぶらと前に振り出される遊脚の2本の足（脚）で表現される。遊脚の役割は直前まで支持脚として働いていた脚を前方に振り出し，転倒しないように前方で体を再び支えることにある。この遊脚，つまりつぎのステップで体を支える脚が，あらかじめ固定されて準備されているとする。そのつぎの脚は前の脚を使うことができないからやはり準備しておかなければならない。これを1周360°にわたって均等に配置したものがリムレスホイールとみなせる。つまり，リムレスホイールは2足歩行を最も単純化したモデルということができる。

非常に単純なシステムであるリムレスホイールは，歩行のエッセンスとなる動力学特性やエネルギー効率について解析するうえで非常に役に立つモデルである[†]。実際に，**図 2.4** (a) の Chevallereau らによる2足歩行ロボット RABBIT[36] などは，ロボットを仮想的にリムレスホイールの運動（大まかなイメージ）に拘束することで歩行が実現される。また，歩行の安定性もリムレスホイールの安定化メカニズムに基づいて解析されている。リムレスホイールそのものを発展させながら2足歩行の解析につなげようとする研究も行われている。例えば

[†] 本書でも11章でリムレスホイールの運動を表現する数理モデルを導出し，その周期的な歩容の安定性などの動力学特性について詳細に述べる。

2.2 受動歩行

(a) RABBIT
(仏 CNRS)

(b) リムレスホイール（北陸先端科学技術大学院大学浅野研究室）

図 2.4 リムレスホイールに関連した研究

浅野らは，図 (b) のリムレスホイールそのものや，これを二つ連結したもの[37]，衝突時の衝撃を吸収するダンパーを脚に付けたものなど多様なリムレスホイールに関する研究を行っている。

2.2.3 2脚を持つ最も単純な受動歩行機：コンパスモデル

リムレスホイールは複数の脚を持っているが，すべての脚は固定されているため別々に回転することはできない。それぞれ回転可能な2脚を持つ（2自由度の）受動歩行機で最も単純なものはコンパスモデル[38],[39] と呼ばれる（**図 2.5**）。その名のとおり，2本のリンクを回転する関節でつないだだけのコンパスのような形をしている。ただし，関節は実際のコンパスとは異なり抵抗がほとんどなく（もちろんモータなどのアクチュエータも付いてなく），ぶらぶら揺らすことができるようになっている。

図 2.5 に示すように，この歩行機としてのコンパスモデルを緩やかで平らな坂道の上に置き，適当に勢いをつけると「勝手に」斜面を歩き下る。しかもその歩容は非常に自然に見える。歩容の自然さについては定量的に評価することが難しいのだが，重力の影響を受けた振り子運動を基本とするため，自然に見

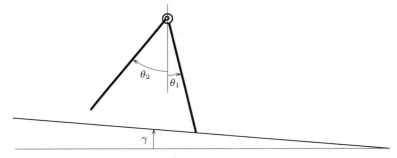

図 2.5　受動歩行機のコンパスモデル

えるものと考えられている。見方を変えると，2本の棒が回転できるようにつながっているものが「2本足」で斜面を下る様子が「歩いている」と考えるのは人間の勝手な思い込みで，人工的な要素のない純粋な物理現象ともいえる。つまり，人が純粋な物理現象としての受動歩行をエッセンスとして歩いているのであり，受動歩行が人の歩行に近いのではなく，人の歩行が受動歩行に近いため自然に見えるととらえるべきなのかもしれない。さらに，歩行のエネルギーは斜面を下ることで得られる位置エネルギーによって供給され，そのエネルギー量が非常に小さいことから，効率もきわめて高い歩容となっている。いくつかの研究によって人の歩行とほとんど変わらない効率であることが明らかにされている。

　前にも述べたが，受動歩行の研究はMcGeerによってはじめられた[18]。McGeerは特許にある玩具の考察からはじめ，リムレスホイール，コンパスモデル（円弧足付），膝付モデルなどを理論的に解析し，さらに実際の歩行機を用いた実験を行っている。図 2.6 を見るとわかるように，歩行機のモデルの発展はリムレスホイールの1自由度，コンパスモデルの2自由度と円弧足の導入，そして3自由度の膝付モデルへと徐々に複雑になっている（膝は支持脚時に固定されるため3自由度と考える）。

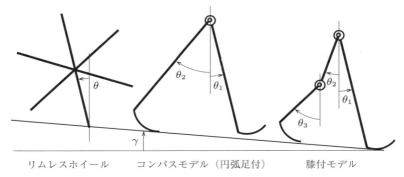

図 2.6 McGeer の受動歩行解析モデル

2.2.4 2次元歩行と3次元歩行

図 2.2 の受動歩行機を見ると 4 本足のように見える．円弧状の足が四つあり，手前の二つと後ろ側の二つはつながってペアになっているため同じ動きをする．つまり，2 足を持つのだが，歩行中横方向に転倒しないようにこのような構造をとっている．このように左右方向の動きを拘束している歩行のことを 2 次元歩行という．ほかにも，ロボットの両側面を壁で挟む方法や，図 2.7 に示す 2 次元 2 足歩行ロボット PBEmu–IV（岡山理科大学）のように周回するリンク（棒）に固定することで左右の運動を拘束する方法などが用いられている．これに対して，人が行っているように左右方向にも拘束されない歩行（これが普通なのではあるが）を 3 次元歩行という．研究するに当たって，3 次元歩行をい

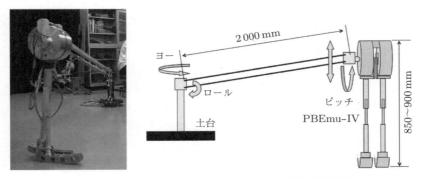

図 2.7 2 次元 2 足歩行ロボット PBEmu–IV（岡山理科大学）

きなり扱うと運動が複雑すぎて歩行の本質的な部分を理解しにくいため，2次元歩行という，より単純な運動からはじめているのである．

McGeer の研究に基づいて2次元から3次元に受動歩行機を拡張した研究としてコーネル大学の Collins らの結果[40]がある．この歩行機の脚は2本で膝を持つため，遊脚が地面に接触することなく振り抜かれる．また，上体はないが脚の動きに連動する腕が取り付けられている．この腕は人間の歩行と同じように脚と逆向きに振られることで，ヨー軸まわりの力のモーメントを相殺する役割を持つ．足底は円弧を組み合わせた3次元形状をしており，歩行機全体の左右方向の振動を安定化する．インターネット上で公開されている動画を見るとその自然でなめらかな歩容には驚かされる．コーネル大学の Ruina のグループはその後，足関節による蹴り動作によって能動的な3次元歩行へ発展させてい

コーヒーブレイク

ロボットとはなにか？

この受動歩行を行う「機械」．受動歩行ロボットと呼んでもいいように感じる．著者は，脳に相当するコンピュータと身体である機械部分が環境との相互作用，例えば歩行を考えるなら地面との相互作用，を通じてなんらかの知能を獲得していること（身体性といってもよい）がロボットの条件だと考えている．この条件はかなり狭い．もっと広くとらえて，少し自動化された「かしこい」機械，例えば工場で組立作業を行うマニピュレータ（アームロボット）や自動で衝突回避できる自動車などをロボットといったほうがしっくりくるかもしれない．この「ロボットとはなにか？」とか「知能とは？」といった議論は深遠でなかなかつきないのではあるが，コンピュータどころかアクチュエータすら持たない機械である受動歩行「ロボット」を本書ではあえて受動歩行「機」と呼んでいる．しかし，すでにお気づきかと思うが本書のタイトルや本文の一部ではわかりやすくするために「受動歩行ロボット」を使っている．一貫性が失われるのは否めないのだが，これは2足で歩くという意味でかしこい機械，つまり広い意味でのロボットと考えてほしい．これ以外にも「ロボット」と表現している部分についてはつねに曖昧さが残っている．本書を読んでいる皆さんにはこの議論をきっかけに「ロボットとはなにか？」について考え，その深さを味わっていただきたい．ちなみに McGeer も Biped（2足のもの）ということでロボットとは呼んでいない．

る[41])。また,このグループ出身のデルフト工科大学のWisseらがその後受動歩行に関連する多くの研究成果[42])を上げている。

2.3 受動歩行の特徴

ここでは,受動歩行の興味深い特徴について述べる。具体的には,動歩行,安定性,カオス的挙動と歩容の変化,適応性および人の歩行との類似性である。

2.3.1 動　歩　行

2足歩行に限らず,4足,6足,それ以上の多足歩行には動歩行と静歩行がある。図 2.8 にその一部を示す。静歩行とは,図 (a),(b) に示すように支持している足底,多足なら接地している足を頂点とする多角形(支持多角形という)の真上に歩行機全体の重心がつねに置かれながら行われる歩行である。つまり,2足歩行ならば右足と左足の足跡を隙間なくつなげながらゆっくりと進む歩行である。しかも,歩行中にどの姿勢でもその姿勢を維持したまま静止することができる。2.1.1 項で紹介した2足歩行は,重心の影に加速度などの動的な情報を含む ZMP を支持多角形内に制御しながら歩行する。

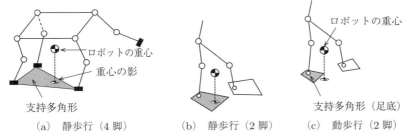

(a) 静歩行 (4 脚)　　(b) 静歩行 (2 脚)　　(c) 動歩行 (2 脚)

図 2.8　静歩行と動歩行における重心位置と足底支持多角形

しかし,実際に皆さんが2足歩行するとき,図 (c) に示すように歩幅が脚の長さの半分より大きく,足底は脚長の 30% ぐらいであることを考慮すると足底が接地している部分の外側に体の重心が出ている。そのため,歩行中に「その姿勢で止まれ!」といわれても無理である。逆にいうと,歩行中に体は前に向

かって倒れ込んでいるため，転ばないように足を前に出しているとみなすこともできる。このような歩行を動歩行という。

動歩行かどうかについて，「足の長さに対して歩幅がどのくらい大きいか？」という指標を目安にすることができる。単純にいえば，歩幅が大きい歩行は動歩行的な性質が強い。人の歩行は，脚長 80 cm，足長 25 cm で，普通に歩いているときの歩幅がおよそ 40～65 cm（脚長に対して 50～80%）程度といわれている[43]。足長に対して歩幅は 1.5～2.5 倍とかなり広くなっている。テレビやさまざまなイベントで登場する 2 足歩行ロボットがどのような歩幅で歩いているのか注意して観察してほしい。人に近い大きな歩幅で歩いているロボットはあまりいないことがわかる。したがって，人と同じレベルの動的 2 足歩行を実現することもまた難しい課題である。

じつは，受動歩行の原文「Passive dynamic walking」は，厳密に訳すと「受動的動歩行」である。以下で紹介する受動歩行の多くはこのような人に近い大きな歩幅で歩くことができる。

2.3.2　歩行軌道の安定性

前項の動的歩行は歩行の途中で姿勢を止めた場合，その姿勢を維持することはできなかった。逆に静歩行はどの姿勢で止まってもその姿勢の維持が可能である。この維持できるという考え方は安定性という概念として知られている。例えば，ほうきを逆さまにして柄の先を手の上にのせて立てる遊びをしたことがあると思う。ほうきをこのように逆さまに立てたとき（倒立振子という），ほうきが回転する中心は手のひらにあるため重心が回転中心の上にある（図 2.9 (a)）。この姿勢は不安定であり，読者の皆さんがご存じのとおり，なにもしなければほうきは倒れてしまう。しかし，手をうまく使えば（制御すれば）不安定なほうきを立てる（安定化する）ことができる。このとき，ほうきの重心は手の真上（鉛直上方）に来ているのだが（図 2.9 (b)），この姿勢がほうき（倒立振子）の平衡点と呼ばれる姿勢である。2 足歩行機に当てはめると，歩行中に片脚で支える姿勢（片脚支持）になっても，足底で支えている範囲の真上に歩行機全

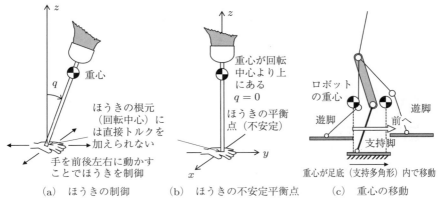

(a) ほうきの制御　　(b) ほうきの不安定平衡点　　(c) 重心の移動

図 2.9　ほうきの制御と静歩行する 2 足歩行ロボット

体の重心があればその姿勢は平衡点となる（図 2.9 (c)）。普通，足底は面で接地しているため，支持多角形の範囲内にある平衡点（の集合）をゆっくりつなぐように姿勢を変化させて歩行する方法が静歩行といえる。もちろん，なにもしなければほうきのように倒れてしまうので，この平衡点を制御によって安定化する必要がある。

しかし，この考え方では動歩行を実現する（安定化する）ことはできない。なぜなら，動歩行中における歩行機の重心は足底から外れるため，その姿勢は平衡点にならないからである。このような動歩行をどのようにとらえて安定化すればよいのか，もしくは安定解析（継続的に歩行可能かどうか解析）すればよいのか明らかにしたのが下山らの研究[44],[45]である。詳細は省略するが，基本的な考え方はつぎのとおりである。

例えば時間を変数と考えると，歩行パターンを与える関節角度やロボットの位置エネルギーは時間関数で表現することができる。静歩行における平衡点はこの関節角度のある点となり，ほうきの場合は鉛直上方を原点とすればそこが平衡点である。このときロボットの位置エネルギーは一定であり，ほうきの位置エネルギーは最大となる。しかし，歩行中はこの歩行パターンや位置エネルギーが変化するとともに周期的に同じパターンを繰り返す（図 2.10 (a)）。この周期的なパターン（波形）はある同じ一点，例えば両脚が地面に接触した瞬間

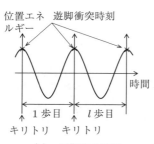  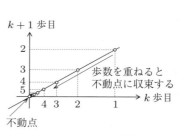

(a) 周期的な波形　　(b) (a) を閉曲線にする　　(c) ポアンカレ写像

図 **2.10**　周期的な波形とポアンカレ写像

の点を必ず通過する（この点は不動点と呼ばれ，ある種の平衡点でもある）。この接地した瞬間で一つの波を切り取り，ぐるっと丸めて両端をつなぐと円筒上に繰り返す波が一つだけ描かれる（図 2.10 (b)）。地面にちょっとしたくぼみがあったなど，なにかの理由で周期的な歩行パターンが少し乱れた場合，定常歩行の不動点から少しずれた点を通過する。このとき動歩行が安定であれば，歩行を繰り返すうちにこのずれがなくなり，やがてもとの定常歩行パターンが通過する不動点に収束することになる（図 2.10 (c)）。これが歩行パターン（歩行軌道）の安定解析方法である。

　静歩行の安定解析は歩行軌道ではなく，ある姿勢を表す点（平衡点）の安定性を考えるものであり，動歩行の安定解析は歩行軌道そのものの安定性を考える方法である。したがって，前者の方法では瞬間的には安定性を議論できない動歩行も，歩行軌道全体の安定性を議論することで安定であるかどうか解析できるのである。これはポアンカレによって恒星のまわりを惑星が周回する軌道が安定かどうか解析するために導入された手法で，離散力学系の解析やカオスの研究でも用いられるものである。

　McGeer は受動歩行に対して，下山らの解析手法[45]を適用して歩行軌道の安定解析を行っている。最近ではこのような解析手法が 2.1 節で紹介した軌道追従型歩行ロボットにも用いられているが，歩行軌道の安定性を議論することで受動歩行が安定であることを示した McGeer の影響は大きい。McGeer の研究

は，受動歩行を実現しただけでなく，歩行という周期的な動作について理論的に安定解析を行った点も重要なのである．本書では振り子としての歩行機の安定性について 10.4 節で述べる．また，リムレスホイールの歩行軌道の安定性については 11 章で解説する．しかし，コンパスモデルのような 2 足歩行の安定性については扱わないので，下山論文[44),45)]や McGeer 論文[18)]および関連する離散力学系を扱う書籍[46),47)]を参照していただきたい．

2.3.3 より安定な受動歩行

名古屋工業大学の佐野らは受動歩行を安定に継続させるためには遊脚接地時に歩幅を一定にすることが重要であるという結果を理論的に明らかにし，図 2.11 に示す BlueBiped などの受動歩行機を用いて長時間歩行を実現している[48)]．歩行を長時間継続させるための具体的な部品として，遊脚が必要以上に振り出されないように歩幅を制限する「ロの字」型フレームなどを導入している点は非常に有用である．特にこれから読者の皆さんが受動歩行に挑戦される場合，役に立つ研究成果である．彼らの挑戦はその後コーネル大学などほかの研究者を刺激し，長時間歩行を実現することが一つのテーマとなった．この BlueBiped は非常に洗練された美しい受動歩行機で 2008 年のグッドデザイン賞を受賞している．

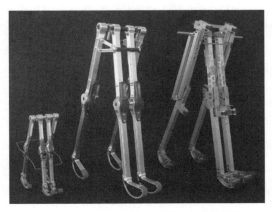

図 2.11　BlueBiped（名古屋工業大学佐野研究室）

2.3.4 受動歩行のカオス的挙動と歩容の変化

受動歩行は緩斜面を下る。この斜面の角度を大きくしていくと二つの歩行周期を持つ歩容に変化する。リズム的にはタン，タン，タン，タンと1歩の時間が一定のリズムで歩いていたものがタタン，タタン，タタンと「タ」という短い1歩と「タン」という長い1歩（つまり二つの周期）が交互に出てくるリズムで歩くようになる。さらに斜面を急にしていくと4周期，8周期と周期が倍々になり（分岐という），やがてカオス的（周期が無秩序に変化する）歩行になる[38]。この分岐現象は 2.3.2 項の離散力学的な解析とシミュレーションによって予想されたものであるが，2周期歩行への分岐現象は著者らが図 **2.12** に示す Quartet II を用いて実証している[49]。

図 **2.12** 2周期歩行を実証した Quartet II（著者ら）

斜面が急になると歩行速度が速くなるのだが，2足歩行は速度が速くなれば2足走行へ遷移するように，2周期歩行に歩容が遷移することで速度に適応しているとも考えられる。カオス的な振舞いがどのような力学的意味を持つのかはまだそれほど明確ではないが，次項に述べるある種の適応的な振舞いにつながるのかもしれない。

2.3.5 適応的な振舞い

前述したように分岐現象にも関連するが，受動歩行の興味深い特徴として適応的な性質がある。受動歩行機はその身体形状，例えば脚の長さや重さ，重心

位置などを変化させると，歩幅や歩行周期など歩容をその身体形状に合わせて変化させる．また，環境の変化（坂道の傾斜角度）に対しても，その歩容を変化させる．こういった歩容の自律的変化は，身体や環境の変化に対する適応性とみることができる．

2.1 節の最初に触れた軌道追従型の 2 足歩行は，あらかじめ設計された歩行パターンに沿って歩行が実現されるのであった．そのため，環境の変化やロボットそのものの身体形状の変化に対応しようとすると，別の歩行パターンを設計しなおす，もしくは変化に適応できる歩行パターンを自動的に生成する手法を考案するなどしなければならない．歩行パターンを環境に合わせて準備するにはかなりの労力が必要で，自動生成に至ってはまったく別の研究課題といってよい．

この受動歩行が適応的な性質を持つということは，あらかじめ意図的に加えられたのではなく結果的に得られるものではあるが，歩行の方法として優れている点といってもよい．

2.3.6　適応性を利用した歩行機の設計

前述した適応性をうまく利用すると 2 足歩行を簡単に実現する歩行機の設計が可能となる．例えば，コンパスモデルを用いたシミュレーションで安定な受動歩行が得られた場合，その歩行機の物理量，例えば，脚長や重量，重心位置を少し変化させても歩行は継続し，しかも，その身体形状に合った別の（若干ずれた）歩行軌道に収束する．さらに，足先の円弧や膝関節を加えて自由度を増やすなど質的な変化に対しても，歩行の安定性が崩れないようにうまく変化させると，やはりその身体形状に合った歩行が得られる．ただし，実際に膝関節を持つ受動歩行機は膝の動きが追加されるため，実現するのはかなり難しい．大阪電気通信大学の入部らの研究[50] は，図 **2.13** に示すようにこの適応性を利用することで所望の受動歩行機を設計する手法を提案している．

一般にロボットを制御する場合，ロボットをつくってから歩行など目的に応じてロボットに合った制御系を設計するという手順を踏む．入部らの方法は歩

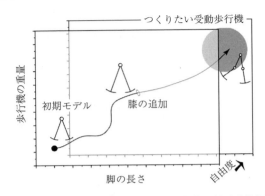

図 2.13 受動歩行の適応性を利用した歩行機の設計手法概念図
（大阪電気通信大学入部研究室）

行という目的に応じてロボットそのものをうまく設計するため，歩行に適した身体形状を持つロボットが得られる。自然界に目を向けてみると，個々の生物レベルを見れば，速く走るために脂肪を落とす，狩りをうまく行うために爪を研ぐといった身体改造がこういった設計手法に相当するものと考えられる。種レベルになると，アリを食べるために鼻を伸ばす，水中を移動しやすくするためにひれが発達するといったいわゆる進化についても，世代を隔てて身体形状を環境に合わせて設計しているととらえることができる。入部らの設計方法はこのような考え方に基づくものである。

2.3.7 人の歩行との類似性

McGeer の歩行機をはじめとしてこれまで実現されたほとんどの受動歩行機は円弧や球面，もしくはそれらを組み合わせた足裏形状を採用してきた。足裏の形状は歩行に強く影響を与えるため，特に 3 次元 2 足受動歩行機を実現する場合は足裏形状を試行錯誤的につくり込む必要がある。これに対して著者らは足裏が平らな扁平足と球面関節とバネによって構成された足関節を持つ 3 次元 2 足受動歩行機 RW01[51] から RW03[52] を開発してきた。RW03 では，足裏の圧力中心点（ZMP に相当する）がどのような軌跡を描くのか明らかにするために 6 軸力覚センサを取り付け，歩行中の軌跡を明らかにしてきた[52]。**図 2.14**(b)

 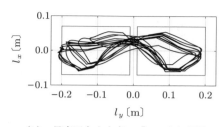

(a)　RW03　　　　　　　　(b)　足裏圧力中心点の「8の字」軌跡

図 **2.14**　3 次元 2 足受動歩行機 RW03（岡山理科大学吉田・衣笠研究室）

コーヒーブレイク

身体性と構成論的アプローチ

　2 足歩行に限らずロボットを開発したり研究したりする目的はどこにあるのだろうか。例えば，世の中に役に立つものをつくるというのがその一つである。一方，ロボットは生物と同様に身体を持ち，そして，コンピュータという人工的なある種の知能を持っているととらえることができる。Pfeifer らの『知の創成』[30] や『知能の原理』[31] によれば，生物の知能は，その身体と環境との相互作用の中から発生すると考えられている。つまり，知能は計算機（脳）だけでは生み出されず，必ず，脳に付属する身体があり，そして環境とやりとりをする中で生まれ，進化するというわけである。これを身体性（embodiment）という。よく考えてみると，Pfeifer がいうように計算機と身体を持つという特徴を持つロボットは生物の知能を研究するうえでうってつけの対象であるといえる。そのような生物の知能を研究する手法としてつぎのようなものが考えられる。人工的に生物の知能，もう少しハードルを下げて行動を再現するような原理，を見つけ，これをロボットによって実現することができたと仮定する。その原理は生物の知能にもある意味当てはめることができる。つまり，生物の知能を（部分的にではあるが）理解したことになるというものである。こういった人工物によって生物のなにかしらの知的振舞いを再現する（構成する）ことでこれを明らかにしようという研究の手法を構成論的アプローチという。

　前述したように，受動歩行は歩容が自然で人間に近い。つまり，人の歩行に近い振舞いをする機械を人工的に構成しているという意味で，受動歩行は人の歩行の原理を示しているといえるのである。したがって，受動歩行を研究することは 2 足歩行の原理を知ることにつながるとともに，より人に近い能動的な歩行や適応的な歩行につながる可能性を持っている。

はRW03の歩行中における足裏圧力中心点の軌跡を示している。図の上方向が進行方向で二つの長方形は足底形状を表す。この図からわかるように「8の字」を描くことが明らかとなった。この「8の字」パターンは人の歩行にも見られるものであり[53]，その意味で受動歩行が人の歩行に近いということをあらためて示すものである。さらに，最近ではこのRW03の形状を基礎にし，伸縮する膝関節を用いることで3次元2足動歩行を実現している[54]。

2.4 受動歩行の拡張

本章の最後に，2足受動歩行を拡張する研究について紹介する。拡張する方向性は，歩行から走行へ，2足から多足へ，そして受動から能動へである。

2.4.1 受動歩行から受動走行へ：ロコモーションの遷移

脚を使って移動する生物は，人を含めてその移動速度によってロコモーションを質的に変化させる（ロコモーション遷移）。ロコモーションとは2足生物なら歩行や走行，2足以上の多足生物ならペース，トロット，ギャロップなど脚の運び方などが異なる移動形態のことである。例えば，人は速度が遅いときは両脚が地面に着くような歩行を行い，速くなると両脚が地面から浮き上がる期間を持つ走行にロコモーションが遷移する。2.3.4項で述べたように，受動歩行は坂道の傾斜をきつくしていくと歩行周期が異なる歩容に遷移し，やがてカオス的になった後に不安定化し転倒する[38]。このような比較的傾斜のきつい斜面において，RaibertらのHopping Machineのように膝にバネ要素（この場合空気圧シリンダ）を取り付け，受動的にホッピングを継続させることができれば受動走行を実現できることが知られている。これは東北大学の石黒と大脇ら[55],[56]によって行われた研究で，膝関節にバネを導入した受動走行機械による受動走行を実現し（図2.15）[55]，さらに，歩行やスキップ動作など移動速度の変化に応じたロコモーション遷移に関する興味深い結果を報告している。

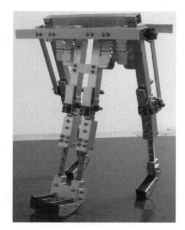

図 2.15　受動走行機械（東北大学石黒研究室）

2.4.2　2足受動歩行から多足受動歩行へ：身体形状の変化

前項は速度の変化に対するロコモーションの遷移に関する研究であった．では，受動歩行機の身体形状である足の数を変化させることは可能だろうか？　この疑問に対する答えは著者らの研究にある．著者らは2足受動歩行機を複数連結し，最終的には図 2.16 の 20 足受動歩行機 Jenkka–III によるロコモーションを実現している[57]．実際に動いている様子を見ると，歩くという印象を超越しているのでロコモーションという表現がなじむ．

図 2.16　Jenkka–III（大阪大学大須賀研究室）

興味深い点として連結部分に関節を導入することでロコモーション遷移を観察したという結果がある。前項では移動速度の変化が遷移を引き起こしたが，身体形状の変化も遷移を引き起こすのである。これらの研究は生物のロコモーション遷移のメカニズムを構成論的に明らかにする研究として注目されている。

2.4.3 受動歩行から能動歩行へ

受動歩行の研究をはじめた McGeer は初期の論文[58]でつぎのようなことも述べている。

「飛行機の開発の歴史において，まず動力を持たないグライダーの研究から出発し，その成果を基礎にしてライト兄弟が動力飛行を実現したように，われわれは受動歩行を研究し，その知識に基づいて能動歩行に拡張することをめざす。†」

つまり，受動歩行の研究はまた，動力を用いた能動歩行の実現につながるのである。じつは，受動歩行が実現できる理由の一つが「遊脚が地面に衝突したときに失われるエネルギーが斜面を下ることで得られる位置エネルギーによって補われている点である」という結論から，McGeer は能動歩行への拡張に関する研究[58]でさまざまなエネルギー回復方法を提案している。例えば，支持脚を伸ばすことで歩行機の重心位置を上げて位置エネルギーを回復する方法，支持脚が地面から離れる直前に力積を加える方法など人の歩行方法から考えても非常に的を射たものであった。この能動歩行に関する研究では実験による検証が行われなかったが，その後，いくつかの手法については他の研究者らによってその手法の有効性が検証されている。

実際，Science に掲載された Collins らの論文[59]では，1990 年代後半から 2000 年代初頭にかけての研究成果として，受動歩行に基づいて実現されたさまざまな能動的歩行とその効率性などが報告されている。日本でも，自励振動を利用した小野らのグループの歩行機[60]や，図 2.17 に示すような人の筋骨格系を再現した非常に複雑なロボットによる 2 足歩行が細田らによって実現されるなどいくつかの挑戦が行われている。特に，細田らの研究[61]は受動歩行を実現す

---

† 原文の直訳ではなく著者による要約。

  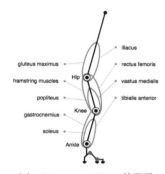

(a) Pneumat–BT　(b) Pneumat–BB　(c) Pneumat–BB の筋配置

図 **2.17**　人の筋骨格系を再現したロボット（大阪大学細田研究室）

る歩行機をベースにし，図 (a) の空気圧人工筋を導入することで 3 次元 2 足歩行を実現したり（Pneumat–BT[62]），図 (b) の人の足部を再現した筋配置（図 (c)）をもつ歩行機による 2 次元歩行を実現したり（Pneumat–BB[63]）している．さらに，細田らのグループでは二つの関節にまたがった 2 関節筋を使った跳躍などを実現するなど，人の筋骨格系と 2 足歩行を含むロコモーションとの関係を構成論的に明らかにする試みがなされている．

2.5　受動歩行を研究する意義

2 章の最初に触れた軌道追従型 2 足歩行や Hopping Machine と受動歩行およびそれに基づく能動歩行の間にはまだ大きな隔たりがあり，それぞれ別の研究分野といっても過言ではない．しかも，これまでに実現された 2 足歩行ロボットは，人をはじめとする 2 足歩行する生物と比較してその移動性能は明らかに劣っており，まだまだ実用レベルといえる状況にはない．McGeer が期待したような動力飛行実現の歴史と同じ到達点に 2 足能動歩行実現の歴史がたどり着いたとは言いにくい状況である．

航空機においては，鳥のような翼のはばたきを再現するのではなく，固定された翼を持つ機械にプロペラなどによる推進装置を加えるという別の形態を用いて動力飛行という機能のみが実現されている．一方，2 足能動歩行を実現す

ることは，生物と同じ2足を使った移動という形態そのものを使って人工的に構成することになる。地上の移動という機能のみであれば車輪による自動車やレール上を移動する列車をはじめとして多くの機械が実用化されて久しいのは皆さんがご存じのとおりである。2足歩行，さらに広げて生物のロコモーションは，生物が種を繁栄させるために獲得してきた知能の一部と考えられており，2足歩行を実現することは構成論的に生物の知能を明らかにする研究ともいえる。この意味でMcGeerの考えたように動力飛行が実現されたような純粋な工学的技術の発展だけでは，人が行っているような2足によるロコモーションを実現することは難しいのかもしれない。したがって，まだまだ2足歩行の研究は取り組むべきことがたくさん残されているといえる。

　例えば，人はその移動速度域に応じてエネルギー的に効率がよいロコモーション（歩行と走行）を選択している。この特徴をロボットで再現するとき，つぎの二つのアプローチが考えられる。

　一つは，2足歩行ロボットにあらかじめ2足歩行する制御モードと2足走行する制御モードを用意し，これを速度に応じて切り替える方法である。もう一つは，人の行う歩行と走行のメカニズムに基づいてある統一的な制御方法を考案し，これによってロボットが移動速度に合わせて自動的にロコモーションを切り替えることを実現する方法である。

　前者は現在の技術を組み合わせて使えば実現することが可能で，2足という形態は残しつつも生物の行っている手法とは少し異なる手法により2足歩行という機能が実現される。後者はいまだ実現されていないもので，このような制御手法が得られると生物の知能の一部を理解できるかもしれないという意味で非常に興味深いテーマである。こういった手法を実現するうえで欠かせないと著者らが考えているのが受動歩行，もしくは受動的ロコモーションである。

　これまでに実現されてきた歩行ロボットのコンピュータ，アクチュエータやセンサなど，制御するために必要と思われるほぼすべてのものが取り除かれた究極のロボットが受動歩行機であった。この意味で歩行の核ともいえる受動歩行の本質を理解し，その理解の上に立ってアクチュエータやセンサを用いた能

動的な制御を少しずつ加えていけば，能動歩行を実現できるだけでなく生物の2足歩行に近づいていくことができるはずである．McGeerが漠然と能動歩行と呼び目指していたものの本質は，生物の2足歩行を実現することでその知能を構成論的に明らかにすることにあったわけである．さらに，2足走行など速度に対するロコモーションの遷移，多足化による身体形状の変化など，さまざまな「味付け」をすることで生物の持つ多様な移動形態にも近づいていくものと考えている．こういった研究の積重ねから，ロコモーションが遷移する統一的な制御手法などが生まれ，また，このような基礎的な研究が工学的に有用な技術としての2足歩行実現につながるものと期待している．

3 段ボール受動歩行機のつくりかた

　ここからは前章で述べた受動歩行機を段ボールでつくる方法について述べる。まず，本章では著者らが考案した段ボール受動歩行機[64]について，用意する材料や組立方法について述べる。4章では歩行機の設計方法についてその大まかな流れを述べ，続く5章で設計に用いる固有振動数を得るために歩行機のモデルを導出する。(ただし，理論的な詳細については本書後半のPart IIで述べる)。さらに，6章でこの歩行機を使った実験について紹介する。プラスチック段ボール（プラダン）を使った受動歩行機 RW–P02 については著者らのウェブサイト[65]にて部品図や動画などを公開しているのでこちらも参考にしてもらいたい。

3.1 受動歩行機を段ボールでつくってみる（3次元2足受動歩行機 RW–P00）

　受動歩行機は，単純化して運動解析したり，容易に歩行を安定化するために脚を4本にして2次元平面に拘束する方法がよく用いられてきた。しかし，直感的に歩行を理解するため，それ以前に，教材としての興味を引くためには2本足で歩くことが望ましいものと考える。そこで，単純な膝のない2リンク系を2本足の3次元受動歩行機として用いることとする。この場合，遊脚を振り抜くために左右方向の振動を励起する必要がある。この問題を解消するためには，特許にある歩行玩具[19],[20]のように球面に近い曲面を持つ足底を導入することが考えられるが，この場合木材など比較的硬い材料を正確に削り出さなければならない。より簡単に3次元形状の足を実現する目的で針金を用いるもの[23]や

ペーパークラフトによる歩行機[22]も提案されているが，立体的な足底形状をつくるためにはある程度の熟練が必要で，その形状を維持することは難しい．さらに，得られる歩容も歩幅がきわめて狭く，2足歩行のイメージからは遠い場合が多い．

そこで本書では，球面など3次元形状の足底ではなく，正面内の円弧を進行方向に延長した円筒形状の円弧足を用いた歩行機を実現することにする．本書で製作する段ボール受動歩行機の試作機 RW–P00[66] を図 3.1 に示す．この歩行機は，段ボール紙を貼り合わせることで腿と足からなる脚を構成し，ステンレス棒を股関節の軸として組み合わせることで実現されている．この受動歩行機は A5 サイズの本を斜面として約 10 歩，歩幅約 20 mm（脚長に対して 20%），ステップ時間（1歩当りの時間 [s/歩]）が 0.5～1 s/歩弱の歩行を実現している．得られた歩容は，従来の歩行機に比べステップ時間と歩幅が長く，人の歩容（約 1 s/歩，歩幅 50～80%[43]）に比較的近いものであることを確認した．

図 3.1　教科書の上を歩く RW–P00

3.2　段ボールを使った3次元2足受動歩行機 RW–P01

つぎに，この RW–P00 の形状を踏まえて RW–P01 を設計した[64]（設計手法については4章参照）．RW–P01 の一例として組立正面図および完成品の写真を図 3.2 に示す．

足は段ボール板を折り曲げることによって円筒形状とし，この円筒に合わせ

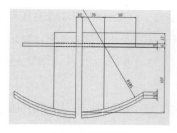 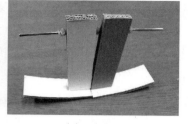

(a) 組立正面図　　　　　(b) 完成品

図 **3.2**　RW–P01

た円弧に加工された腿下端に接着している．製作のために必要な材料は，段ボール紙（A3サイズ程度），輪ゴム4本，直径3mmのステンレス棒，ストローである．軸に用いたステンレス棒は，後述する正面内の振動を遊脚の固有振動数に合わせて遅くするために有効である．また，ストローは身近にある材料で軸受けとしての機能を持たせることを狙っている．ストローの内径は細めの3.5mmが最適で，輪ゴムは軸の回転を妨げない程度にストローから若干離して取り付けるとよい．

3.3　プラスチック段ボール（プラダン）を使った3次元2足受動歩行機 RW–P02

　RW–P00 を基本形として RW–P01 を製作したが，円筒状に湾曲した足部の形状を精度よく，しかも，変形しないように製作することが困難であった．また，何度も実験を繰り返すうちにステンレス棒を支える部分で段ボール紙が変形し，脚ががたついて歩行に支障をきたすという問題も生じていた．そこで，ホームセンターなどで容易に手に入れることができるプラダンを用いて新たに歩行機を製作することとした．完成した3次元2足受動歩行機 RW–P02 を図 **3.3** に示す．

　基本的な外形を維持すれば，歩行機の形状は段ボール紙で製作された RW–P00 や RW–P01，および，この RW–P02 だけでなく，寸法などを自由に設計することが可能である．詳細な設計論は4，5章で後述することにして，ここではこ

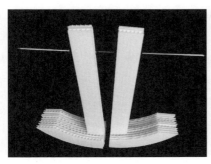 

図 **3.3** RW–P02

の例をもとにして製作方法について解説する。

3.3.1 用意する材料

用意する材料は図 **3.4** にも示す以下のとおりである。

- 厚さ 4 mm のプラダン（例えば IRIS プラダン，A3 用紙程度の大きさ）
- ステンレス棒（直径 3 mm，長さ 200 mm，1 本）
- オーリング（1AP3，内径 2.8 mm，線形 1.9 mm，四つ，オーリングがなければ小さい輪ゴム 4 本）
- 両面テープ（一般的なもの，のりなどでもよいが剥がせるものがよい）
- ストロー（細めのもの，内径 3.5 mm 程度）
- 絨毯の滑り止めシート（歩行させるためのちょっとしたアイディアグッズ）

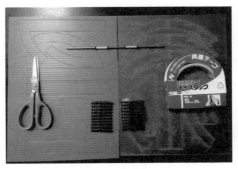

図 **3.4** レーザ加工されたプラダンと用意する材料

34   3. 段ボール受動歩行機のつくりかた

歩行機一つ当りの材料費は合計で 200 円から 300 円程度である．その他，工具としてはさみ，カッターナイフ，カッティングマットなどが必要となる．プラダンはカッターナイフなどによって手で加工しにくいので，段ボール紙を代わりに用いることもできる．ステンレス棒を用意しにくいときは竹ひごなど直径が 3 mm 以下の棒ならなんでもよい．ただし，ある程度の重量（10 g 強）がないと歩行機の横揺れが速くなりすぎて歩かない．部品の設計図（**図 3.5**）は著者のウェブサイト[65]からダウンロードできる．

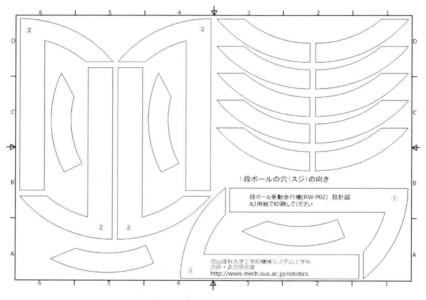

図 **3.5** RW–P02 設計図

3.3.2 製 作 手 順

【ステップ 1：部品の切出し】　まず，設計図を A3 用紙に拡大して印刷し，プラダンに貼り付ける．このとき，A3 のプラダンを横長に置いた段ボールの穴（スジ）の向きが縦になるよう配置する．貼り付けた設計図の線に合わせて部品をすべて切り出す．以下，説明の便宜上，部品の形状から部品 1 と 2 を 'レ' 字型部品，その他を 'ノ' 字型部品と呼ぶことにする．また，レ字型部品の直方体

3.3 プラスチック段ボール（プラダン）を使った3次元2足受動歩行機 RW–P02

部分を腿部，ノ字型部分を足部と呼び，レ字型部品とノ字型部品を組み立てたものを脚と呼ぶことにする。円弧状になっている部分は足の裏になるので，高精度で切出しを行う必要がある。この形状が精度よく切り出せていないと，立つことさえ困難となる。著者は，大学設備であるレーザ加工機（LaserPro Venus II）を使って切出しを行っている。また，軸受けの代わりに用いるストローを脚の幅 25 mm より 1〜2 mm 長い 26〜27 mm の範囲でカットしておく。

【ステップ2：レ字型部品の組立】　つぎに，切り離したレ字型部品1を2枚のレ字型部品2で挟み込むように貼り合わせる。図 3.6 (a) に示すように，真ん中に挟まれる部品1は歩行機を直立状態にしたとき，水平方向にプラダンの穴（スジ）が通るようになっている。図 (b) はこの部品を横から見た様子で，中央部に穴があいていることが確認できる。この横穴部分にステンレス棒が挿入されるため，向きに注意が必要である。貼り合せはのりでも両面テープでもしっかり貼り付けられるものであればよい。歩行実験において足底形状の調整を行うために，できれば剥がせるものを推奨する。歩行実験で苦労しないためには，

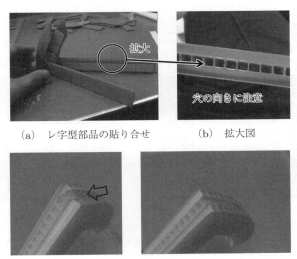

(a) レ字型部品の貼り合せ　　(b) 拡大図

(c) 悪例：足裏に凹凸がある　(d) 好例：足底がそろっている

図 3.6　レ字型部品の組立と足底の凹凸

貼り合せ時に部品を精度よく揃えることが重要である．6.3.1 項でも調整方法として述べるが，円筒状の足底は腿部に対して直交し，かつ，円筒面に凹凸がないように組み立てる．図 (c) の例は足底部分で中央に挟み込まれた部品 1 が外側の部品 2 より下になっていることがわかる．また，よく見ると一番手前の部品 2 も奥の部品より低い位置で貼り合わされている．図 (d) の例は図 (c) の例に見られるような極端な凹凸がない．部品の切出し精度にもよるが，特に円筒状の足底部分は，貼り合せにおける凹凸が誤差 0.1 mm 未満をめざしてほしい．

【ステップ 3：ノ字型部品の組立】　つぎに足の一部となるノ字型部品を組み立てる．14 枚あるノ字型部品を，4 枚と 3 枚貼り合わせた部品を 2 セットずつ製作する．貼り合わせる枚数については経験的にこの組合せが歩行させやすいためである．したがって，枚数調整はお好みしだいである．この部品も足裏の円筒部分に凹凸ができないよう貼り合せ精度には十分注意して組み立てる必要がある．足部品についてはプラダンの穴の方向は無視してよい．

【ステップ 4：脚の組立】　できた部品をステップ 2 で製作したレ字型部品に図 **3.7** のように貼り付けて脚をつくる．歩行機前側の足部が厚くなるように 4 枚貼り合わせた部品を取り付ける．また，左右で貼り合せ方が異なる点に注意する．

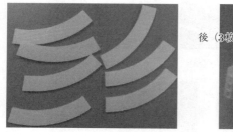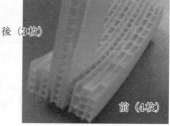

図 **3.7**　ノ字型部品と脚の組立

【ステップ 5：歩行機の組立】　図 **3.8** (a) のように，ステンレス棒を通す穴にカットしたストローを差し込む．ストローは軸受けの機能があるとともに，ステンレス棒のがたつきを抑える役目も果たす．差し込む場所はどの穴でも構

3.3 プラスチック段ボール（プラダン）を使った3次元2足受動歩行機 RW–P02

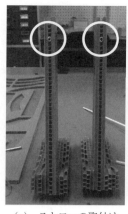
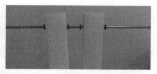

(a) ストローの取付け　　(b) 脚の取付け　　(c) 輪ゴムの使用

図 **3.8**　歩行機の組立

わない．この場所を調整することで歩容を変化させることができる．

　最後に，脚の位置を固定するためオーリングで挟み込むようにステンレス棒に脚を取り付ける（図 3.3 および図 3.8 (b) 参照）．脚が滑らかに揺れるためにはオーリングをストローに密着させてはいけない．オーリングがない場合は小さめの輪ゴムを用いるとよい（図 3.8 (c)）．両脚は揺らしたときに接触しないようになっていればよい．ステンレス棒の差込み位置と同様に，脚と脚の間の距離を変えると歩容を変化させることができる（6.4 節参照）．

【**ちょっとした工夫：滑り止めを貼る**】　ステップ5までにできあがった歩行機でも歩くのだが，ちょっとした工夫を加えると比較的簡単に歩くようになる．足の裏はプラダンがむき出しで，凸凹しているだけではなく，かなり滑りやすい状態である．この滑りをなくすために絨毯の滑り止めシートなどを図 **3.9** (a)，(b) のように足底に貼る．このとき，足の手前側に 1 cm 程度滑り止めをはみ出させることと，後側は 1 cm 程度貼らない部分をつくることがポイントとなる．期待される効果は以下のとおりである．

1. 足底の滑りを抑制するとともに足底面の凹凸を滑らかにする．
2. 前にはみ出した滑り止めシートの弾性で歩行機が前方に転倒するのを防ぐ．

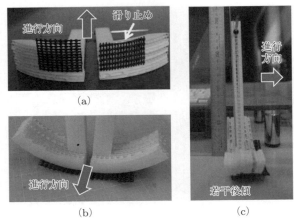

図 3.9 滑り止めを貼る

3. 図 3.9 (c) を見ると，歩行機が若干後ろに傾いていることがわかる。この傾きは足底の後側に滑り止めが貼っていない部分があることが原因である。この傾きがあるため斜面に置いたとき前方へ転倒しにくくなる。

この滑り止めは著者の研究室で学生が考案した手法である。読者の皆さんもこの方法にこだわらず，より洗練され安定した歩行を実現する方法を考案していただきたい。

3.3.3 治具の導入による組立精度の向上

6 章でも述べるように，歩行機が歩くためには足底を精度よくそろえて組み立てる必要がある。そのため，組み立てる際に足底の凹凸には細心の注意を払う必要がある。このような問題を解消するために**図 3.10** に示すような治具を用いると効果的である。この治具はアクリル板にレ字とノ字型部品と同じ形状の穴をレーザ加工機などでくりぬき，3 枚重ねて厚さ 12 mm（プラダン 3 枚分）にすることで構成される。この治具にプラダンから切り離した部品を，**図 3.11** に示すようにはめ込みながら貼り合わせていくことで，貼り合せ時に部品のず

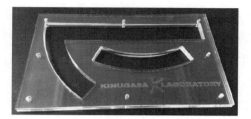

図 3.10　歩行機組立のための治具

図 3.11　治具を使った組立

れをオートマティックに取り除くことができる。

　小学生などを対象とする工作実験教室では組立精度が低くなる傾向が強く，歩行機が歩行しにくい状況が頻繁に発生する。そのため，このような治具を導入することで，組立が簡単でかつ精度が向上し，歩行実験に成功する可能性を大幅に向上させることが可能となる。

3.4　松江工業高等専門学校における歩行機の発展

　受動歩行機は加工の容易さや 4, 5 章で後述する設計理論とその計算などの観点を考えると，これまでに示した外形を大きく変更しないほうが設計の際のリスクが少ないといえる。しかしながら，歩行を変えない範囲であれば，少しばかりいじっても歩行機の歩容は安定して行われる。本書の基本的な歩行機を製作し，実験を行った後であれば，よりよい歩行機をつくろうという欲求も大き

くなるのではないだろうか。その際に，どの程度の形状変更をしてもよいのか，どのような工夫を施せばよいのか思いつかない人もいると思われる。ここでは松江工業高等専門学校で行われる小〜中学生を対象とした工作教室の教材として「小学生低学年でも簡単に早く，精度よくつくることができる」ことを目的に，形状や製作方法に若干の工夫を加えた2足歩行機を一例に挙げ，新たな発想の一助とする。

3.4.1 竹ひごを用いた股関節軸

工作教室の教材として考えたとき，教室後の自由な発想の受け皿としては，小学生などの児童でも手軽に調達し，加工できる材料で製作できたほうが有意である。そういう観点では，プラダンとステンレス棒は大型の日用雑貨店などに行けば簡単に手に入るが，どちらも小学生が単独で加工し，歩行機の形とするのは難しい。とはいえ前にも述べているように，精度や耐久性に問題は出るが本体の材料は加工のしやすい普通の段ボール紙でも構わない。ここではステンレス棒の変更を考えてみよう。

ステンレス棒を用いる理由は，本体の正面方向の揺動を遅くするためであり，できる限り重たい材料であるほうがその効果が大きい。また，変形が生じない剛体としても考えやすく，設計とのずれが少ない。そこで，これに代わるものとして，図 **3.12** にあるように竹ひごにクリップを取り付けた軸を試用した。

竹ひごは非常に安価で手に入りやすく加工も容易であるうえに，せん断方向の強度が高く，曲げたり折れたりしにくい特徴がある。しかし，軸として使う

図 **3.12** 竹ひごとクリップを用いた股関節軸

には非常に軽く，歩行周期に問題が生じる．そこで，モーメントを増大させる目的で市販のクリップをその両端に取り付けた．このとき，クリップが軸から滑らないように竹ひごの上にゴムを巻いたうえでクリップを噛ませている．

これによって，ステンレス棒を用いたときに類似した効果を持たせることができる．また，クリップを連結していくことによって軸重を調節することも可能となる．そのため創意工夫の幅が広がり，工作教室の教材としては面白いのか，参加者たちの反応は高かった．一方で，密度一定のステンレス棒と違い，両端が重たい物体とみなせるため計算がややこしく，また，簡単に増設できることから設計が複雑化するという問題や，変更できるパラメータが多くなりすぎて，なにが歩行に影響を及ぼしているかが不明瞭となり，歩行機の理解が難しくなるといった問題も生じた．

工作教室の教材としては一長一短といった結果となったが，本書記載の歩行機の材料に縛られる必要はどこにもなく，創意工夫をもって新たなものに挑戦してほしい．

3.4.2　固定方法の変更

両面テープやのりを使えば形状を固定しやすく，精度のよい歩行機をつくることができる．しかし，小学生（特に低学年の児童）が両面テープやのりを使ってものをつくるのはそれなりに時間のかかる作業であり，また貼り合せの間違いも多く，調整の際に分解する労力も一際である．そういったことを考えると固定方法はできる限り簡便であるほうが望ましい．一方で，歩行を安定させるためには足底形状を厳密に揃える必要があり，しっかりとした固定方法を選ばざるを得ない．そこで，小学生低学年の児童が製作を行う際には治具を用いることで精度が向上することを述べた．これらの効果をあわせ持つ一工夫として，図 3.13 のような輪ゴムでの固定と足底を貫通する穴にストローなどを通して固定する手法が考えられる．

この図では輪ゴムだけでもそれなりに固定できるように，ノ字型部品の形状を少し変え小さなレ字型部品のようにして，足首と足底の端（歩行の邪魔にな

42   3. 段ボール受動歩行機のつくりかた

図 3.13　部品組立と固定方法の工夫

りにくい部分）に輪ゴムを巻くための窪みを用意している．また，足底の形状が動かないように，レ字型部品とノ字型部品にストローの径と同じ寸法の穴を開け，そこにストローを通している．ストローの使用は入手と加工の容易さの観点から選定しただけであり，組立精度を重視するのであれば木の棒など固いものを用いたほうがよいだろう．これらの工夫で組立と調整の時間短縮に加え，完成品の出来のずれを抑えることができる．しかし，ストローで固定をしている場合は激しい衝撃を加えることで足底がずれることもある．また，窪みや穴加工はレーザ加工機などそれなりの設備がなければ難しいということもある．なお，ストロー穴に関しては厳密な計算をせずに加工を行ったが，もとのプラダンが軽いこともあり，穴の有無での歩容の差はほとんどなかった．気になる場合は，穴加工で減る重量と同じ重量の棒を用意するべきだろうが，この程度の変更であれば歩行は変化しないということは知っておいてもいいだろう．

3.4.3　転倒への対処

歩行機を歩かせると，時折つまずくような動作をして転倒することを目撃するかと思われる．転倒の原因としては前節などでも述べた足底の形状が大きいが，それ以外にも足底の一部が坂と接触してつまずいたり，遊脚と支持脚の一部が歩行中に引っかかったりして転倒する場合が多い．

これは歩行機のレ字型部品を用いる脚を軸に取り付けた際，重心の関係から真下に垂れ下がるわけではなく，**図 3.14** (a) のように V の字を描くように足底が中心に寄ることが原因である．

結果として図 (b) にある足底の角が歩行中にさまざまな場所に引っかかる現

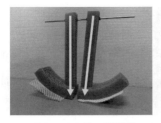 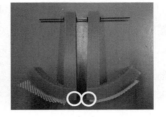

(a) V字状の脚配置　　　　(b) かかとの角

図 3.14　転倒の原因

象が起きる．図をよく見るとわかるが，滑り止めシートはその部分には取り付けていない．これは角部を他の部分より低くしておくほうが，引っかかる可能性が少なくなるためである．この解決としては軸に脚を取り付ける際，左右の脚の間を数 cm ほど開けて配置することで，中心に寄っても足底が接触しないようにすることが，単純ではあるが有効な手段である．しかし，この調整が難しくよい位置を見つけられない場合がある．これらの解決として図 3.15 のように角をとってしまうことが考えられる．

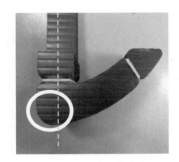 

図 3.15　かかと部の角を丸める　　　図 3.16　両脚の接触を減らす

　図ではほとんど形状を変えず丸みを持たせただけであるが，足底と坂の引っかかりが低減できる．だが，この位置は足底の形状にも関係してくるため注意が必要である．具体的には図に示す脚の中線より深く削ってしまうと歩行が安定しなくなる．足底の形状の変化はできる限り最小限に留めることを推奨する．また，左右の脚の接触に関しては，左右の足が接触しないようにする手法を紹介する．図 3.16 に左右の脚の接触を低減させた形状を示す．

見てわかるように，軸に取り付ける部分を太くし，足底に近い脚を細くすることで，接触を防いでいる。形状としては人間の足は上肢が下肢の 2 倍の重さを持つということにのっとって，面積を 2 倍にとった。これにより重心が上に寄り，揺動が大きくなる効果も得ている。この形状にすることで脚間の接触はほぼなくなり，安定して歩行するようになる。一方で，これだけ形状を変えると歩行機のパラメータ計算を変更する必要が出てくる。本書で解説する歩行の理論からも離れていくだろう。だが，形状を変えることで新たな発見があるのも確かだと思う。本書の考えを基礎として独自に新たな発想に挑戦してもらいたい。

―――― コーヒーブレイク ――――

段ボール受動歩行機

　確か 2004 年だったと思うのだが，4 年生になって研究室に配属され，受動歩行を卒業研究のテーマにした学生が「先生，こんなのができましたよ」といって段ボール紙でできた歩行機を持ってきた。なかなかバランスのとれた外形で，足底の円弧や各部品の貼り合せ方などなかなかのできばえである。教科書の上で歩かせてみると，歩行機の大きさに対して歩幅も大きくゆっくりとしたなめらかな歩行を見せた。これが図 3.1 に示した段ボール紙による歩行機 RW–P00 である。当時の歩かせている様子は著者らのウェブサイトや YouTube で公開しているので興味のある読者はチェックしてほしい。

　その数年後，ふとこれは子供でもつくれる教材に使えるなと思い，いくつかのイベントで使ってみると思いのほか好評であった。また，単純な立体の組合せの外形を持つため，一自由度の力学系として固有振動数を求めれば歩行機の設計もできると考えて大学の講義にも取り入れている（付録 A.1 節参照）。その内容をまとめたのがこの本である。

　最初は，軽い遊び心から学生がつくってくれた玩具であったが，ここまでいろいろ広がりを見せるというのは興味深く，また，うれしいものである。

4 段ボール3次元2足受動歩行機の設計法

本章では，本書の主題である段ボールを用いた3次元2足受動歩行機の設計方法について述べる．歩行機は，3章で紹介した試作機 RW–P0x ($x = 0, 1, 2$) を基本形とする．背景となる理論的な知識は，微分方程式と力学，特に，剛体の回転運動，重心位置および慣性モーメントなどである．詳細については7章以降の Part II で述べることにし，ここでは設計の大まかな流れを理解することを主眼とする．設計のためにエクセルシートを用意したので付録 A.2 節も参考にしてほしい．

4.1 歩行機のモデル

歩行機を設計するためには歩行機の数理モデルを導出する必要がある．この導出手順をモデル化という．本書で扱う歩行機は，数理モデルを導出しやすいようにある程度幾何学的な形状から構成されている．しかし，現実の歩行機は材質が一様でないことや，部品の切出し精度の問題などから理想的な幾何学形状にはならないなど複雑で，厳密にまったく同じものは存在しない．このような現実の世界にある歩行機を，紙の上の世界で理想的な幾何学形状のモデルとして抽象化し，さらに詳細な数理モデルとしての非線形システム（詳細モデル）を導出，最後に，設計に用いることができる簡略化された数理モデル（簡略化モデル）として線形システムを導出し，設計指針に用いる固有振動数を得るというモデル化の手順を経ることになる．このモデル化の手順を図 4.1 に示す．

まず，現実の世界から紙の上の世界に抽象化された歩行機が，股関節軸でつ

4. 段ボール3次元2足受動歩行機の設計法

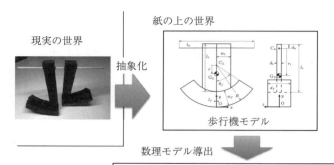

図 4.1 モデル化手順

ながれた2本の脚を持ち、股関節軸が一様な棒、脚の上部分である腿が直方体，脚の下部分である足が同心円弧を持つ立体で構成されるモデルで表すことができるものとする（図 4.2）。

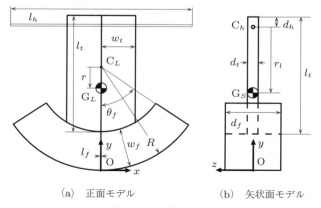

(a) 正面モデル　　(b) 矢状面モデル

図 4.2 歩行機モデル

ここで，歩行機のモデルから数理モデルである運動方程式を導くために座標系を与えておく．座標系は足底を原点とし，正面向かって右を正とする軸を x 軸（ピッチ軸），鉛直上方を y 軸（ヨー軸），歩行機の進行方向を z 軸（ロール軸）ととっている．

【記号の表記方法】 図内に示した記号の詳細については 5 章で後述するが，本書で用いる記号の基本的な表記は，各部品などの物理量である重心 G（center of gravity）と軸や円弧の中心 C（center）などの位置や長さ（r, l, d, w），質量（m, M），慣性モーメント I を表し，右下添え字がどの部品であるか，つまり股関節 h (hip)，腿 t (thigh)，足 f (foot)，脚 l (leg) や平面 L, S（後述）などを意味するものとする．例えば，足部の重心位置は G_f となる．

定義 4.1 平面の呼び方

図 4.2 (b) は矢状面（サジタル面）と呼ばれる yz 平面に描かれた歩行機の側面図で，矢状面とは矢の進む方向の動き（つまり，歩行機が進む方向）を表すことができる平面という意味である．ちなみに，図 (a) は正面（冠状面もしくは前額面ともいう）で残りの一つは水平面（横断面）となる．矢状面，冠状（前額）面，横断面は解剖学分野の専門用語で，歩行機を含めロボットの多くも解剖学的なとらえ方からこのように呼ばれる．また，重心位置などを表す記号の右下添え字にある S と L はそれぞれサジタル (Sagittal) 平面，正面（横方向（Lateral 方向）の運動を表す平面）を意味するものとする．

4.2 歩行機の設計指針と設計手順

6 章で述べるように歩行実験の結果から「歩行は横揺れの固有振動数と同じ振動数を持つ」という経験的な知見が得られる．横揺れは厳密に表現すると正面内におけるロール軸まわりの円弧拘束された転がり振動（正面内における歩

行機全体の固有振動と呼ぶ）で，足裏が円弧形状で重心が足裏円弧中心よりも下にあるため起き上がり小法師のように揺れる．詳しくは5.3節を参照してもらいたい．

ここで，議論を円滑に進めるために歩行に関する周期や振動数を定義しておく．

定義 4.2

ステップ時間：　1歩当りの時間をステップ時間と定義する．

歩　行　周　期：　2歩当りの時間を歩行周期とする．

歩行振動数：　歩行周期の逆数を歩行振動数とする．

ステップ時間と歩行周期は異なり

$$歩行周期 = ステップ時間 \times 2 \tag{4.1}$$

であることに注意する．

人は1sに1歩弱程度の速度で歩く．歩行機もステップ時間を 0.5～1s 弱程度に設定すると，主観的に自然な歩容が実現される．以上の考察から，歩行機の設計指針として歩行振動数を決定する正面内における歩行機全体の固有角振動数 λ_L を優先的に与えることにする．

一方，遊脚の運動は，正面内における歩行機全体の固有振動と同期することで地面に接触することなくうまく振り抜かれ，結果として安定な歩行が得られることを期待する．つまり，図 4.3 のように矢状面内における遊脚の固有角振動数 λ_S をなるべく遊脚の固有角振動数 λ_L に近い値をとるように各部品形状を

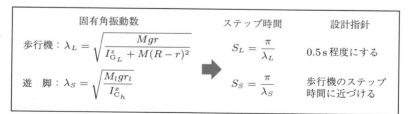

図 4.3　歩行機の設計指針

調整することになる．したがって，歩行機の設計手順は以下のようになる．

Step 1：各部品の大きさを与える．
Step 2：各部品，遊脚および歩行機全体の重心位置を計算する．
Step 3：各部品，遊脚および歩行機全体の慣性モーメントを計算する．
Step 4：遊脚と歩行機の正面内におけるステップ時間を求める．
Step 5：得られた二つのステップ時間を比較し，両者が $0.5 \sim 1\,\mathrm{s}$（固有角振動数で $3 \sim 6\,\mathrm{rad/s}$）に近い値をとるまで Step 1 に戻り計算を繰り返す．

以上の設計指針と設計手順は 5 章で述べる運動方程式および 7 章以降の Part II に述べる力学の知識を必要とする．したがって，以下では少しだけ具体的に各ステップについて説明し，設計全体の流れを整理しながら全体像をしっかり把握することに主眼を置く．また，歩行機の股関節軸に直径 $3\,\mathrm{mm}$ のステンレス棒，脚と足にプラスチック段ボール（プラダン）を用いるものと仮定して話を進めることにする．

┌─ コーヒーブレイク ─┐

固有振動数と振動数の計算

振り子などを揺らしてみるとわかるが，物体を振動させると，ある決まった速さ（振動数）で揺れる．この物体（ここでは歩行機）を振動させたときの固有の振動数のことを固有振動数という．逆に，この固有振動数と同じ振動数で物体を揺らすと共振し，小さな力であっても非常に振幅の大きな揺れをつくることができる．お寺にある大きな釣り鐘をわずかな力で揺らすこともできるし，ちょっとした風の揺らぎが橋の固有振動数に近いと橋が破壊されてしまうほどの振動を引き起こしたりする．

振動数は周期の逆数で振動数を $f\,[\mathrm{Hz}]$，歩行周期を $T\,[\mathrm{s}]$ とすると $f = 1/T$ であり，ステップ時間を $S\,[\mathrm{s/歩}]$ とすると $T = 2S$ である．さらに，角振動数は $\lambda\,[\mathrm{rad/s}]$ とすると $\lambda = 2\pi f = 2\pi/T = \pi/S$ となる．

ちなみに，わざわざ角振動数という物理量を持ち出してくるのは，後で出てくる運動方程式を表現するときにきれいに記述できるなど理論的な考察のために扱いやすいからである．$\sin(2\pi f t)$ と書くよりも $\sin \lambda t$ と書くほうが美しいのである．

4.2.1 Step 1：歩行機の外形

図 4.2 に示すように歩行機の外形は股関節を構成する一様な棒（円柱），脚を構成するプラダンでできた直方体，足を構成するプラダンでできた扇形に分かれているものとする。具体的に，股関節軸を質量 m_h，長さ l_h の一様な棒で取付け位置を脚上端から d_h とし，脚を質量 m_t，縦 l_t，横 w_t，厚さ d_t の一様な直方体，足を質量 m_f，足底の円弧半径（外径）R，内径 $R-w_f$，角度 θ_f，厚さ d_f の同心円弧を持つ一様な立体（扇形）とする。

各部品の材質は決まっているため密度は既知である。したがって，設計者が与えるのは各部品の質量を除いた $l_h, d_h, l_l, w_l, d_l, R, w_f, \theta_f, d_f$ の合計 9 個の物理量である。ただし，股関節軸の位置 d_h はプラダンの穴の差込み位置，脚と足の厚さ d_t, d_f はプラダンを重ねる枚数として与えることになる。

【歩行機の安定性】 ここでもう一つ設計上の制約を設ける必要がある。じつは，足裏の円弧半径はあまり小さくすると歩行機が直立姿勢を維持できなくなる。したがって，重心位置 r は正，つまり足部の円弧中心 C_L が歩行機全体の重心位置より上になるようにする。これは歩行機の直立姿勢が安定であるかどうかという問題に相当し，運動方程式に基づいてどのような運動となるのか解析する必要がある。このような運動解析については 10 章で安定解析とあわせて詳細に述べる。直立姿勢の安定性に関しては 10.4.3 項を，また，この歩行機に対する具体的な安定性の考察は 10.4.4 項を参照のこと。

4.2.2 Step 2：重心位置

重心位置は Step 3 の慣性モーメントと Step 4 の固有角振動数を導出するために必要となる。固有角振動数を計算するために用いる重心位置を決めるパラメータは，r：正面図における足部の円弧中心 C_L と歩行機全体の重心位置 G_L 間の距離，および r_l：矢状面における股関節軸中心 C_h と遊脚の重心位置 G_S 間の距離の二つで，それぞれ以下の式で与えられる。

$$r = R - y_{G_L} \tag{4.2}$$

$$r_l = y_{G_h} - y_{G_S} \tag{4.3}$$

ただし，歩行機全体の質量を $M = m_h + 2m_t + 2m_f$，片脚全質量を $M_l = m_t + m_f$ として

$$y_{G_L} = \frac{m_h y_{G_h} + 2m_t y_{G_t} + 2m_f y_{G_f}}{M} \tag{4.4}$$

$$y_{G_S} = \frac{m_t y_{G_t} + m_f y_{G_f}}{M_l} \tag{4.5}$$

$$y_{G_h} = w_f + l_t - d_h \tag{4.6}$$

$$y_{G_t} = w_f + \frac{l_t}{2} \tag{4.7}$$

$$y_{G_f} = R - \frac{2\left\{3R^2 - 3(R-w_f) + w_f^2\right\}}{3\theta_f(2R-w_f)}\sin\theta_f \tag{4.8}$$

である．右下の添え字の G_h, G_t, G_f はそれぞれ股関節，腿，足の重心位置に対応し，x, y, z はそれぞれの点における x, y, z 方向の座標成分を表す．計算の詳細については 8 章を参照のこと．

4.2.3　Step 3：慣性モーメント

慣性モーメントも固有振動数の計算に用いる物理量で，最終的に必要なものは，$I_{G_L}^z$：歩行機全体のロール（z）軸まわりの慣性モーメント，および，$I_{C_h}^x$：股関節軸（x 軸に平衡な軸）まわりの遊脚の慣性モーメントの二つである．I は慣性モーメント（inertia）を表す記号で，右上添え字は回転軸に平行な座標軸，右下添え字は軸の通る点を意味している．ここで $I_{G_h}^z$, $I_{G_t}^z$, $I_{G_f}^z$ をそれぞれ股関節軸，腿，足の重心における z 軸に平行な軸まわりの慣性モーメント，$I_{G_t}^x$, $I_{G_f}^x$ をそれぞれ腿，足の重心における x 軸に平行な軸まわりの慣性モーメントとすると $I_{G_L}^z$ および $I_{C_h}^x$ は

$$\begin{aligned}I_{G_L}^z = I_{G_h}^z &+ m_h r_{G_L G_h}^2 \\ &+ 2(I_{G_t}^z + m_t r_{G_L G_t}^2) + 2(I_{G_f}^z + m_f r_{G_L G_f}^2)\end{aligned} \tag{4.9}$$

$$I_{C_h}^x = I_{G_t}^x + m_t(y_{G_t} - y_{G_h})^2 + I_{G_f}^x + m_f(y_{G_f} - y_{G_h})^2 \tag{4.10}$$

で表すことができる。ただし，r_{AB} は点 A から点 B までの位置ベクトルである。各慣性モーメントの導出など詳細は9章を参照のこと。

4.2.4　Step 4：運動方程式とステップ時間

ここでは歩行機に対して得られる二つの運動方程式と固有角振動数もしくはステップ時間について簡単に紹介する。運動方程式の導出もやはり力学的知識が必要である。運動方程式の詳細については5章で述べる。また，歩行機と脚の運動は回転運動となるため，回転運動を理解するためには7章以降すべての章を参照してほしい。

歩行機全体の正面内における（ロール軸を中心とする運動の）運動方程式は，歩行機の回転角度を鉛直下方を基準として q_L，歩行機全体の質量を M とすると次式で与えられる。

$$I^z_{N_1}(q_L)\ddot{q}_L + MRr \sin q_L \cdot \dot{q}_L^2 + Mgr \sin q_L = 0 \tag{4.11}$$

ただし，$I^z_{N_1}(q_L)$ は接地点まわりの慣性モーメントに相当する。式 (4.11)（式 (5.19) と同じ）を原点近傍で1次近似（7.3.3項参照）すると

$$\ddot{q}_L = -\lambda_L^2 q_L, \quad \lambda_L = \sqrt{\frac{Mgr}{I^z_{G_L} + M(R-r)^2}} \tag{4.12}$$

となる。この λ_L が正面内の固有角振動数である。λ_L からステップ時間 $S_L = \pi/\lambda_L$ が得られる。これを 0.5 s 程度になるように設計者の独自性も加えながら歩行機の物理量を調整する。

矢状面内において鉛直下方からピッチ軸まわりにおける脚の回転角度を q_S とすると，遊脚の運動方程式は

$$\ddot{q}_S(t) = -\lambda_S^2 \sin q_S(t), \quad \lambda_S = \sqrt{\frac{M_l g r_l}{I^x_{C_h}}} \tag{4.13}$$

となる。式 (4.13) は後述の式 (5.2)，(5.3) と同じ式である。ただし，M_l は脚全体の質量，λ_S は矢状面内における遊脚の固有角振動数である。この遊脚の固有振動数 λ_S からステップ時間 $S_S = \pi/\lambda_S$ が得られる。著者らの経験から遊脚のステップ時間は 0.5 s にそれほどこだわらなくても歩く。

【運動方程式と固有角振動数】 遊脚の固有角振動数については運動方程式を考えなくても簡単に得ることができる。しかし，空気抵抗や股関節軸の摩擦などより詳細な条件を加える場合や円弧に拘束されて転がりながら振動するような場合は運動方程式を導出するほうがよいかもしれない。また，運動方程式を使えば安定性などの解析や制御系の設計，数値シミュレーションなどさまざまな応用ができるため欠かすことはできない。

4.3　3次元2足受動歩行機 RW–P02 の物理量と理論値

図 **4.4** にあらためて3次元2足受動歩行機 RW–P02 を示す。
また，歩行機の物理量を表 **4.1** に示す。設計した歩行機の両平面内の固有角

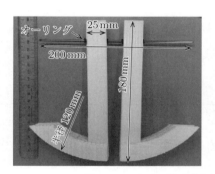

図 **4.4**　3次元2足受動歩行機 RW–P02

表 **4.1**　RW–P02 の物理量と理論値

l_h [mm]	ϕ [mm]	d_h [mm]	ρ_{SUS} [kg/m^3]	m_h [g]
200	3	16.3	7 930	11.2
l_t [mm]	w_t [mm]	d_t [mm]	$\rho_{l,f}$	m_t [g]
160	25	12	150	7.2
θ_f [rad]	w_f [mm]	d_f [mm]	R [m]	m_f [g]
0.93	20	40	0.12	12.2
M [g]	r [mm]	S_L [s]	$I^z_{G_L}$ [kgm^2]	λ_L [rad/s]
50	42.0	0.52	2.50×10^{-4}	6.05
M_l [g]	r_l [mm]	S_S [s]	$I^x_{C_h}$	λ_S
19.4	115	0.37	2.99×10^{-4}	8.54

振動数は $\lambda_L = 6.40\,\mathrm{rad/s}$, $\lambda_S = 8.67\,\mathrm{rad/s}$ で，ステップ時間が $S_L = 0.49\,\mathrm{s}$, $S_S = 0.36\,\mathrm{s}$ とある程度近い値をとっていることがわかる．また，正面における歩行機のステップ時間が $0.5\,\mathrm{s}$ に近いため，比較的ゆったりと揺れながら歩行する．股関節軸に用いたステンレス棒は SUS304：密度 $\rho_{SUS} = 7\,930\,\mathrm{kg/m^3}$, 脚と足の部品に用いるプラダン板は厚さ $4\,\mathrm{mm}$ で密度 $\rho_{l,f} = 150\,\mathrm{kg/m^3}$ である．

コーヒーブレイク

歩行機の材質

股関節軸の直径と各部品の材質であるステンレスとプラダンについてこだわる必要はない．実際，プラダンの代わりにアクリルを用いて図に示す受動歩行機 RW–P02A をつくってみたところ，問題なく歩行させることができた．

図　アクリルを用いた受動歩行機 RW–P02A

5 3次元2足受動歩行機の数理モデルと固有振動数

4章で述べたように，3次元2足受動歩行機は矢状面（yz平面）内における遊脚の振動と，正面（xy平面）内における歩行機全体の振動をうまく同期させるという指針に基づいて設計する．したがって，本章では歩行機の数理モデルとして，矢状面内における遊脚と正面内における歩行機全体の運動方程式を導出し，固有振動数を求める．

5.1 簡略化モデル

まず，4.1節で導入した歩行機のモデルをあらためて図 5.1 に示す．図 (a) が歩行機の正面内におけるモデル（正面モデル）で，図 (b) が左側面から見た矢状面内のモデル（矢状面モデル）である．正面内において，両脚はそろえられ

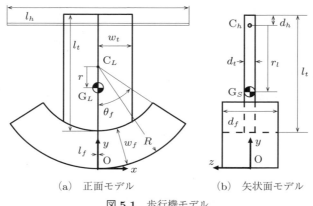

(a) 正面モデル　　　(b) 矢状面モデル

図 5.1　歩行機モデル

た状態で股関節軸を含めて一体化された一つの剛体とみなし，足裏円弧に拘束されながら左右に転がり振動するものとする．また，矢状面内においては正面モデルの左脚のみ（股関節軸も除く）が股関節中心 C_h まわりに回転するように拘束されているものととらえる．この二つのモデルから数理モデルを導出する過程において歩行機の外形は不要で，重要なのはそれぞれの剛体の運動を拘束する円弧と回転軸および重心位置などの幾何学的情報である[†]．

5.2 矢状面（yz 平面）内における遊脚の運動

数理モデルを導出するためにこの点をわかりやすくしたスティック線図を図 5.2 に示す．図 (a) に示されるように，遊脚はいわゆる 1 リンク系の振り子としてモデル化することができる．矢状面内における遊脚の重心位置を G_S，質量を M_l，回転中心（股関節）C_h から重心までの距離を r_l，遊脚の重心位置 G_S における x 軸まわりの慣性モーメントを $I^x_{G_S}$，重力加速度を g とし，鉛直下方から回転中心と重心を結んだ直線までの角度を $q_S(t)$ とする．$I^x_{G_S}$ の導出については 9 章で述べる．

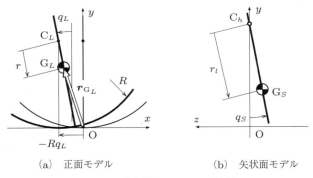

(a) 正面モデル　　　(b) 矢状面モデル

図 5.2　歩行機のスティック線図

[†] もちろん詳細な重心位置や慣性モーメントの計算において外形は必要である．

5.2 矢状面（yz 平面）内における遊脚の運動

5.2.1 モーメントの釣り合いによる運動方程式の導出

このとき，重心に重力 $M_l g$ が鉛直下方に作用するので，リンクに直交する分力は $M_l g \sin q_S$ となる．したがって，この分力によって回転中心 C_S まわりに発生する力のモーメント（トルク）は回転座標である q_S の負の方向（時計まわり）に発生し

$$-M_l g r_l \sin q_S(t) \tag{5.1}$$

となる．また，これが慣性力項（ここでは力のモーメント）$(I_{G_S}^x + M_l r_l^2)\ddot{q}_S(t)$ と釣り合うので，遊脚の運動方程式は

$$\ddot{q}_S(t) = -\lambda_S^2 \sin q_S(t) \tag{5.2}$$

となる．これが歩行機の遊脚の運動を表す数理モデルである．ただし，λ_S は矢状面内における遊脚の固有角振動数で

$$\lambda_S = \sqrt{\frac{M_l g r_l}{I_{G_S}^x + M_l r_l^2}} = \sqrt{\frac{M_l g r_l}{I_{C_h}^x}} \tag{5.3}$$

となっている．ちなみに，$I_{C_h}^x$ は遊脚の回転中心である股関節 C_h の x 軸まわりの慣性モーメントで平行軸の定理（式 (7.13)）から次式として与えられる．

$$I_{C_h}^x = I_{G_S}^x + M_l r_l^2 \tag{5.4}$$

5.2.2 線　形　化

運動方程式 (5.2) はいわゆる非線形微分方程式である．ここで，7.3.3項〔1〕で述べるように $\sin q_S$ を原点近傍でテイラー展開（マクローリン展開）すると

$$\sin q_S = q_S - \frac{1}{3}q_S^3 + \frac{1}{5}q_S^5 - \cdots \tag{5.5}$$

となる．したがって，1次項まで用いて $\sin q_S \approx q_S$ と近似すると線形運動方程式：

$$\ddot{q}_S(t) = -\lambda_S^2 \, q_S(t) \tag{5.6}$$

が得られる。

課題　固有振動数の計測実験

手元にあるペンや定規など棒状のものを用意する。なるべく摩擦が小さくなるように先端をつかんで振動させ，5 周期程度の時間を 5 回計測し，**表 5.1** のような実験記録用の表を用いて，固有周期〔s〕，固有振動数〔Hz〕，固有角振動数〔rad/s〕を求めよ。

表 5.1

実験回数	5 周期の時間〔s〕	固有周期〔s〕	固有振動数〔Hz〕	固有角振動数〔rad/s〕
1				
2				
3				
4				
5				
平均				

【補足】　周期を T，振動数（周波数ともいう）を f，角振動数（角周波数）を λ とすると $f = 1/T$，$\lambda = 2\pi f$ である。　　△

5.3　正面（xy 平面）内における歩行機全体運動方程式

つぎに，正面内における歩行機全体の運動方程式を導出する。正面内で歩行機は，円弧に拘束されながら転がり，左右に振動し，**図 5.3** に示す「起き上がり小法師」のような運動を行う。この転がり運動は，歩行機が回転すると同時に左右に並進運動するという並進と回転が組み合わされた比較的複雑な動きをするため，ここではラグランジュ手法を用いて運動方程式を求める[†]。

[†] ラグランジュ手法の基本については 7.4 節参照のこと。

5.3 正面（xy 平面）内における歩行機全体運動方程式

図 **5.3** 起き上がり小法師（福島県会津地方）

5.3.1 運動エネルギー

図 **5.4** に歩行機正面モデルのスティック線図を示す．この図に示すように，$\boldsymbol{r}_{\mathrm{G}_L} = [x_{\mathrm{G}_L}, y_{\mathrm{G}_L}]^T$ を正面内における歩行機全体の重心位置 G_L の位置ベクトルとする．幾何学的関係から重心位置は具体的に

$$\boldsymbol{r}_{\mathrm{G}_L} = \begin{bmatrix} x_{\mathrm{G}_L} \\ y_{\mathrm{G}_L} \end{bmatrix} = \begin{bmatrix} -Rq_L + r\sin q_L \\ R - r\cos q_L \end{bmatrix} \tag{5.7}$$

となる．ただし，$q_L(t)$（単に q_L と表現する場合もある）は鉛直下方から歩行機の中心線までの回転角度を表す時間関数であり，R と r はそれぞれ円弧足半径と円弧中心 C_L から重心 G_L までの距離で定数である．この重心 G_L の x, y 座標位置を時間で微分すると重心の速度 $\boldsymbol{V}_{\mathrm{G}_L}$ は

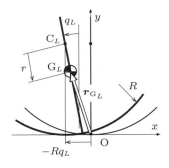

図 **5.4** 歩行機正面モデルのスティック線図

$$\boldsymbol{V}_{\mathrm{G}_L} = \dot{\boldsymbol{r}}_{\mathrm{G}_L} = \begin{bmatrix} \dot{x}_{\mathrm{G}_L} \\ \dot{y}_{\mathrm{G}_L} \end{bmatrix} = \begin{bmatrix} -R\dot{q}_L + r\cos q_L \cdot \dot{q}_L \\ r\sin q_L \cdot \dot{q}_L \end{bmatrix} \tag{5.8}$$

となる.

したがって，歩行機全体の質量を M とすると並進運動エネルギー $\mathcal{T}_t$ は $\boldsymbol{V}_{\mathrm{G}_L}$ を用いて

$$\begin{aligned}
\mathcal{T}_t &= \frac{1}{2} M \boldsymbol{V}_{\mathrm{G}_L}^2 \\
&= \frac{1}{2} M (\dot{x}_{\mathrm{G}_L}^2 + \dot{y}_{\mathrm{G}_L}^2) \\
&= \frac{1}{2} M (R^2 - 2Rr\cos q_L + r^2) \dot{q}_L^2
\end{aligned} \tag{5.9}$$

となる．回転運動エネルギー $\mathcal{T}_r$ は，7.3.1 項〔2〕で示す式 (7.11) から，歩行機全体の重心位置 G_L における z 軸まわりの慣性モーメントを $I_{\mathrm{G}_L}^z$ とすると

$$\mathcal{T}_r = \frac{1}{2} I_{\mathrm{G}_L}^z \dot{q}_L^2 \tag{5.10}$$

である．歩行機全体の運動エネルギーは重心まわりの回転運動エネルギー $\mathcal{T}_r$ と並進運動エネルギー $\mathcal{T}_t$ の和であるので

$$\begin{aligned}
\mathcal{T} &= \mathcal{T}_r + \mathcal{T}_t \\
&= \frac{1}{2} I_{\mathrm{N}_1}^z (q_L) \dot{q}_L^2
\end{aligned} \tag{5.11}$$

となる．ただし，$I_{\mathrm{N}_1}^z(q_L)$ は次式で与えられる接地点 N_1 における z 軸まわりの慣性モーメントに相当し，回転角度 q_L の関数である．

$$I_{\mathrm{N}_1}^z(q_L) = I_{\mathrm{G}_L}^z + M(R^2 - 2Rr\cos q_L + r^2) \tag{5.12}$$

5.3.2　ポテンシャルエネルギーとラグランジアン

接地点を基準とすると，ここから重心までの鉛直距離は y_{G_L} なのでポテンシャルエネルギー $\mathcal{U}$ は

$$\mathcal{U} = Mg y_{\mathrm{G}_L} = Mg(R - r\cos q_L) \tag{5.13}$$

となる．したがって，ラグランジアン $\mathcal{L}$ は次式で表される．

$$\mathcal{L} = \frac{1}{2} I_{\mathrm{N}_1}^z(q_L) \dot{q}_L^2 - Mg(R - r\cos q_L) \tag{5.14}$$

〔1〕 正面内の運動方程式　7.4 節で説明するラグランジュの運動方程式 (7.32) にラグランジアン（式 (5.14)）を代入して計算する。

$$\frac{\partial \mathcal{L}}{\partial \dot{q}_L} = \frac{\partial \mathcal{T}}{\partial \dot{q}_L} = I_{\mathrm{N}_1}^z(q_L) \dot{q}_L \tag{5.15}$$

$$\begin{aligned}
\frac{d}{dt}\left(\frac{\partial \mathcal{L}}{\partial \dot{q}_L}\right) &= \frac{d}{dt}\left\{ I_{\mathrm{N}_1}^z(q_L) \dot{q}_L \right\} \\
&= I_{\mathrm{N}_1}^z(q_L) \ddot{q}_L + \dot{I}_{\mathrm{N}_1}^z(q_L) \dot{q}_L \\
&= I_{\mathrm{N}_1}^z(q_L) \ddot{q}_L + 2MRr\sin q_L \cdot \dot{q}_L^2
\end{aligned} \tag{5.16}$$

$$\begin{aligned}
\frac{\partial \mathcal{L}}{\partial q_L} &= \frac{\partial \mathcal{T}}{\partial q_L} - \frac{\partial \mathcal{U}}{\partial q_L} \\
&= MRr\sin q_L \cdot \dot{q}_L^2 - Mgr\sin q_L
\end{aligned} \tag{5.17}$$

例題　関数の積 $f(t) = g(t)h(t)$ の微分を計算せよ。

【解答】

$$\begin{aligned}
\dot{f}(t) &= \frac{df(t)}{dt} \\
&= \frac{d}{dt}(g(t)h(t)) \\
&= \frac{dg(t)}{dt}h(t) + g(t)\frac{dh(t)}{dt} \\
&= \dot{g}(t)h(t) + g(t)\dot{h}(t)
\end{aligned} \tag{5.18}$$

である。　　　　　　　　　　　　　　　　　　　　　　　　　　　◇

一般化力を $\tau = 0$ とし，以上の結果をまとめると正面内における歩行機全体の運動方程式は次式で与えられる。

$$I_{\mathrm{N}_1}^z(q_L) \ddot{q}_L + MRr\sin q_L \cdot \dot{q}_L^2 + Mgr\sin q_L = 0 \tag{5.19}$$

これが歩行機全体の転がり運動を表す数理モデルである。

遊脚のときと同様に式 (5.19) を原点近傍で 1 次近似すると

$$\ddot{q}_L(t) = -\lambda_L^2 q_L(t) \tag{5.20}$$

となり，線形化モデルが得られる。ただし，λ_L は正面内における歩行機全体の固有振動数を表し

$$\lambda_L = \sqrt{\frac{Mgr}{I_{G_L}^z + M(R-r)^2}} \tag{5.21}$$

となる。

6 歩行実験

ここでは，3.3 節で述べた歩行機 RW-P02 を使って歩行実験を行う方法について述べる．実験は，遊脚と歩行機の固有振動数計測および歩行の 3 種類を行う．また，歩行実験では歩行機の股関節軸の位置および脚間距離を変化させることで歩容が変化することも確認する．実験データ整理のために付録 A.2 節も参考にするとよい．

6.1 斜　　　面

まず，これまでに述べてきたように受動歩行機は動力を持たないので，持続的に歩行させるためには緩斜面を下ることでエネルギーを得る必要がある．したがって，歩行のための斜面を準備しなければならない．斜面は，できれば長さが 1 m 以上のたわみの少ない板（折りたたみ机などでも可）の下に雑誌などを敷くことで傾斜させることで実現する．板がたわむと場所によって傾斜角が変化するので継続的な歩行に支障が出る．歩行機に滑り止めを貼らない場合は，折りたたみ机などのように板の表面が滑らかすぎると歩行を実現しにくい．著者らは，MDF 板を 30 mm アルミフレームで補強し，雑誌の代わりにアルミパイプで傾斜をつける装置をつくっている（図 6.1 参照，左上下に見える白い棒が傾斜角調整用アルミパイプ）．アルミパイプを差し込む位置が調整でき，傾斜角を変化させられるようになっている．この斜面は長さ 1.2 m，幅 0.6 m で傾斜角は 6° とした．斜面傾斜角は歩行機によって歩きやすいところを探る必要がある．

6. 歩行実験

図 6.1 斜面（傾斜角変更機能付き）

6.2 基礎実験

まず，歩行実験を行う前に歩行機の基本的な振動特性を明らかにするための基礎実験を行う．歩行機は，正面内において足底の円弧形状に拘束され転がりながら起き上がり小法師のように振動する．5章で述べたように，この振動と遊脚の振動がうまく共振したときに歩行が実現しやすいものと仮定して歩行機の設計を行う．したがって基礎実験では，遊脚の固有振動数と歩行機の横方向（正面内）の転がり運動に関する歩行機全体の固有振動数を計測する．

6.2.1 遊脚の固有振動数

遊脚の固有振動数は，ステンレス棒を固定し，遊脚を自由振動させることで計測する．軸の摩擦や脚が軽量なため，無視できない空気抵抗によって減衰するが，5～10周期分の時間を計測することが可能である．同じ脚でも股関節軸

表 6.1

実験回数	5周期の時間 [s]	固有周期 [s]	固有振動数 [Hz]	遊脚の固有角振動数 [rad/s]
1				
2				
3				
4				
5				
平均				

の位置（ステンレス棒を差込む位置）によって振動数が異なる点に注意する。

ステンレス棒の差込み位置を上から 3 番目の穴（16 mm 付近）にして実験した結果固有角振動数は 6.4 rad/s であった．**表 6.1** は実験記録用の例である．参考にしていただきたい．

6.2.2 歩行機全体の正面内の固有振動数

歩行機の横方向の運動として歩行機全体の固有振動数を計測するために，2 本の脚をストローを差し込むなどして固定する．斜面を滑ったり足底の凹凸が気になるようであれば滑り止めを足底全体に貼る．水平面に歩行機を置いて左右どちらかに傾けて手を離し自由振動させる．この実験では振動が継続しにくいため，3 周期分の時間を計測できれば十分である．このとき，両脚間の隙間は空けない．また，やはり股関節軸の位置によって振動数が変化するので注意する．

ステンレス棒の差込み位置を前項同様上から 3 番目の穴（16 mm 付近）とし，脚間距離を歩行時に近い 2.2 mm として実験した結果，固有角振動数は 8.7 rad/s であり，遊脚の固有振動数に近い値をとっているといえる．**表 6.2** は実験記録用の例である．これも参考にしていただきたい．

表 6.2

実験回数	3 周期の時間 〔s〕	固有周期 〔s〕	固有振動数 〔Hz〕	歩行機の固有角振動数 〔rad/s〕
1				
2				
3				
4				
5				
平均				

6.3 歩行実験 1

さて，いよいよ歩行実験である．まずは歩かないと実験にならないので斜面上で何度も歩行を試みてほしい．すぐに歩くようになればよいのだが，小学生

66　　6. 歩　行　実　験

向けの工作教室や大学での講義で歩行実験を行った経験に基づいてコメントすると，残念ながら多くの場合，最初は歩かないようである。そこで，次項で述べるように足底形状の調整を行いながら歩行距離を伸ばしていく。目標は 1 m 以上とする。

【歩行機は歩く】　大事なことは，この歩行機は歩いた実績が豊富にある，つまりだれでも歩かせることができるという点である。是非この点を信じて実験を繰り返してほしい。科学において精神論などは入り込む余地がないのだが，実験を成功させるためには自分（というかやろうとしていること）に自信を持つことが時には必要である。あきらめたら歩くものも歩かない。

6.3.1　足底形状の調整

歩かない原因の多くは足底形状に凹凸や傾斜があることにある。**図 6.2** を見ていただきたい。図 (a) の足底は見た目にはわかりにくいがかなり凹凸がある場合である。前方から 3 枚目が若干（1 mm 弱）高く，7 枚目は逆に若干（1 mm 弱）低く，後ろ 3 枚は 1 mm 以上ほかよりも高くなっていることが確認できる。この場合，足底全体としては後部が高いため歩行機は前傾し，前方に転倒する傾向を示す。図 (b) は滑らかであるが全体的に後ろ下がり（前方が高い状態）になっている。この場合，歩行機は後ろに傾くため前に進まず途中で止まる傾向を示す。歩行させる斜面の傾斜を変更することでも対応できるのだが，基本的には図 (c) のように，足底の凹凸をなくし，足部と腿部が直交した「T」字となるように貼り合わせる。図に示した足の角部分だけでなく，斜面と接触する

(a) 凹　凸

(b) 傾　斜

(c) T 字

図 **6.2**　足底形状の調整

面全体の形状にも注意する。

歩行しない場合の基本的なパターンと対処方法を以下にまとめる。

1. 基本：足底の凹凸をなくし，足部と腿部が直交した「T」字をつくる。
2. 前方に転倒する場合：足底の後部を下げる，もしくは前部を上げる。
3. 歩行機が前に進まず，すぐに停止する：足底の後部を上げる，もしくは前部を下げる。

足底形状がうまくできていれば，傾斜角度 6° の斜面を 2 m 程度歩行することができる。左右どちらかに曲がる傾向を示す場合は，両方の足底のバランスに問題がある。しかし，この問題を解消するのは経験的にかなり難しいので，あまり気にしないことをおすすめする。

こういった組立精度の問題を解消するために 3.3.3 項で紹介した治具を用いると有効である。2015 年度に行った小学生対象の工作実験教室では 110 cm の斜面をほとんどの参加者が歩ききらせることに成功している。

6.3.2 歩 行 実 験

前項の調整でうまく歩くようになったら歩行実験を行う。計測するべきは，歩行開始から停止（転倒や斜面からの落下なども含める）するまでの時間〔s〕，歩数 n，歩行距離〔m〕である。

前述したようにステップ時間は 1 歩当りの時間とし，歩行角振動数は 2 歩に要する時間を歩行周期（注：ステップ時間の倍）と定義し計算する。これは後述する歩行機の遊脚と正面内における運動の固有角振動数と比較するために用いる。**表 6.3** は実験記録用の例である。これも参考にしていただきたい。

表 6.3

実験回数	歩行時間 t〔s〕	歩　数 n〔歩〕	歩行距離〔m〕	ステップ時間 $S = t/n$〔s〕	歩行角振動数 π/S〔rad/s〕
1					
2					
3					
4					
5					
平均					

68　6. 歩　行　実　験

6.4　歩行実験2：歩容を変化させる

さらに，歩容を変化させる実験を行う。受動歩行機の特徴の一つが身体形状に合わせて歩容が自律的に変化することにある。これは，身体形状に合わせるという意味で，ある種の適応的な性質ととらえることもできる。

歩行機 RW–P02 は，股関節のステンレス棒を取り付ける位置，および，両脚間の距離を容易に変化させることが可能となっている（図 **6.3**）。この股関節位置と脚間距離を変化させることで歩容を変化させる。

(a)　股関節位置：低　　　　(b)　脚間距離：大

図 **6.3**　股関節位置と脚間距離の変更

6.4.1　股関節位置に対する歩容の変化

まず，股関節位置を変化させて歩容がどのように変化するのかという点について実験を行う。ここでは一例として，腿部の上端を基準としたステンレス棒の差込み位置 d_h（この記号については4章参照）を 16.3, 28.3, 43.3 mm と変化させた場合の歩容の変化を調べた結果について紹介する。まず，脚間距離を当初の設計に近い形状である 2.2 mm[†] とした場合における理論値と実験値の比較を行った結果を図 **6.4** に示す（理論値は 4.2.4 項参照，また詳細は 5〜9 章を参照）。図 (a) は実験結果を股関節の位置に対するステップ時間の試行 10 回の

[†]　脚の干渉を避けるために脚間距離を 2.2 mm より小さくできない。しかし，歩行において支配的な正面内の振動数を両脚を固定して計測したところ 0 mm と 2.2 mm で明確な差は見られなかった。したがって，脚長等と比較して十分小さく，歩行への影響は無視できる程度とみなせる。

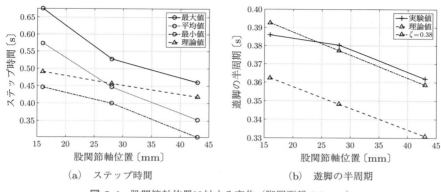

(a) ステップ時間　　　　　(b) 遊脚の半周期

図 6.4　股関節軸位置に対する変化（脚間距離 2.2 mm）

最小値，最大値，平均値として，また，理論値を正面内の振動の半周期 S_L（ステップ時間に対応）として描画したものである．この図から，股関節位置が下がると理論値，実験値ともにステップ時間が短くなる傾向が見られる．ステップ時間が短いということは，足の回転が速い歩容になることを意味する．また，ステップ時間と正面内の半周期がほぼ一致していることから，歩行の振動は正面内の固有振動数に支配されていることも確認できる．4章で述べたように，歩行の振動数は歩行機の正面内における横揺れの固有振動数によって決まることを意味する．

図 (b) は，関節位置の変化に対する遊脚半周期の理論値と実験値を描画したものである．この図から，遊脚半周期の理論値に対して実験値は110%強の値をとっている．減衰率を考慮してこれを ζ とすると周期は $\dfrac{2\pi}{\lambda_S\sqrt{1-\zeta^2}}$ である（10.2.2 項参照）．したがって，この場合，減衰率にして 0.4 程度に相当する軸の粘性抵抗と空気抵抗の影響があることが考えられる．実際に歩行機の脚を揺らしてみるとわかるが，プラダン（プラスチック段ボール）は軽いため，空気抵抗が意外に大きい．

6.4.2　脚間距離に対する歩容の変化

つぎに，脚間距離の変化に対する歩容の変化を明らかにする実験を行う．脚

70   6. 歩 行 実 験

間距離を 2.2, 10, 20, 30 mm と変化させるとともに股関節軸位置を前項同様に変化させて歩行距離，歩数，歩行時間を計測し，ステップ時間 S，歩幅を計算した．脚間距離の変化に対しては前述した固有振動数の理論値は得られていないため，ここでは理論値との比較を行うことはできない．それぞれの条件で 10 回試行し，その平均をとった結果を図 6.5 に示す．股関節の変化に対する歩数（図 (a)），歩行距離（図 (b)），ステップ時間（図 (c)）および歩幅（図 (d)）の変化を表している．図 (a) と図 (b) から，軸位置 16.3 mm，脚間距離 2.2 mm の組合せを除いて基本的に股関節の位置が下がり，脚間距離が広がると歩数と歩行距離は減少する傾向が見られる．図 (b) から，軸位置 28.3 mm，脚間距離

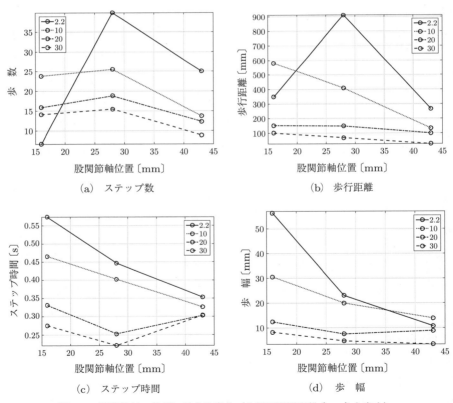

図 6.5 股関節軸の位置に対する変化（凡例は脚間距離 [mm] を表す）

2.2 mm で最も長距離歩行していることがわかる．この条件における 10 回の試行のうち 5 回は斜面 1.2 m を完走した．

つぎに図 (c) と図 (d) を見ると，股関節の位置と脚間距離を広げるとステップ時間と歩幅も短くなることがわかる．基本的に，ステップ時間が長くなると遊脚を振り出すための時間が長くなるため歩幅は大きくなるものと考えられる．しかし，ある程度（20 mm 以上）脚間距離が広がると股関節の位置を下げるだけでは単純にステップ時間，歩幅ともに短くならない傾向も確認できる．軸位置 16.3 mm，脚間距離 2.2 mm の組合せは歩幅が最大となるが，歩行距離は軸位置 28.3 mm に比べてかなり短くなっている．これは，歩幅が大きくなりすぎたために歩行を継続しにくくなっていることを示している．

このように，同じ形を持つ歩行機でもちょっとした変化（ここでは股関節の位置と脚間距離）に対して歩容を変化させることができる．これは，2.3.5 項で述べた受動歩行の身体形状の変化に対する適応性を示す一例である．

─Part II 基 礎 理 論─

7 受動歩行機設計のための力学

　ここからは Part I で述べた歩行機の設計のために必要な力学を中心とする理論について述べる。

　本章では本書で用いる力学の基礎として，直線運動の運動方程式であるニュートンの第 2 法則から出発し，質点の円運動について述べたうえで，歩行機の運動を表現するための剛体の運動と運動方程式，さらにはリムレスホイールの解析（11 章）に必要な衝突問題について述べる。したがって，質点と剛体の力学について理解している読者の皆さんは本章をスキップしていただいて構わない。

7.1　質点の並進運動（ニュートンの運動方程式）

　図 7.1 (a) に示すように，x 軸に沿って，質量 M の質点に力 f を作用させたとき，質点は並進（直線）運動し，いわゆるニュートンの第 2 法則から，並進運動の運動方程式（ニュートンの運動方程式）が

$$M\ddot{x} = f \tag{7.1}$$

で与えられる。x の上付の点はドット（この場合は二つあるので「ツードット」）と呼び，時間微分を表している†。質量 M は物体の動かしにくさを意味しており，この運動方程式は，同じ力を与えても，質量が大きいと加速度が小さく動きにくいことを表している。また，$M\ddot{x}$ は外から働く力 f に対して逆向きに生

---

† 詳細は p.75 のコーヒーブレイクを参照。

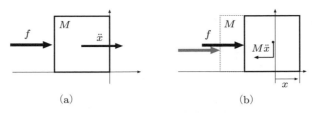

図 **7.1** 質点の並進運動

じる力（図(b)）で，質点をその場にとどめようとする慣性力と呼ぶことができる．この慣性力が外力と釣り合うので運動方程式が成り立つととらえてもよい．

7.2 並進運動から回転運動へ

つぎに，質点の円運動を考える（**図 7.2**）．運動している質点の回転半径を r，回転角度を q とすると，質点が移動した円弧の長さは rq となる．半径が一定であると仮定し，質点の角速度は角度の時間微分なのでこれを $\dot{q}$ と置くと速度は $v = r\dot{q}$ となる．また，角加速度は 2 階微分 $\ddot{q}$ であるので，加速度は $a = r\ddot{q}$ となる．回転させようとする力であるトルク（力のモーメント）は，回転中心から力が作用した位置までの距離，つまり半径を力に掛けた rf に等しい．したがって，ニュートンの運動方程式 (7.1) にあてはめると

$$Ma = Mr\ddot{q} = f \tag{7.2}$$

である．ここで左辺をトルクにするために両辺に半径 r を掛けると

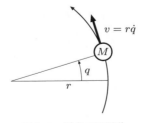

図 **7.2** 質点の円運動

$$Mr^2\ddot{q} = rf \tag{7.3}$$

が成り立つ。ここで，トルクを $\tau = rf$ とし

$$I = Mr^2 \tag{7.4}$$

と置く。I は慣性モーメントと呼ばれ，「質量 × 半径^2」で表されることに注意する。すると最終的に

$$I\ddot{q} = \tau \tag{7.5}$$

となり，回転の運動方程式（オイラーの運動方程式）が得られる。この式は，回転中心まわりの慣性モーメントに角加速度を掛けたものが，入力されたトルクに釣り合うことを意味する。また，慣性モーメントは回転のしにくさを表すものであり，並進運動の質量に相当する。

7.3 剛体の回転運動

歩行機は基本的にリンク系として表現される。遊脚はいわゆる振り子運動し，歩行機全体は円弧拘束された振り子（起き上がり小法師（図5.3）と似ている）となる。したがって，運動の基本は剛体の回転運動となる。ここでは剛体の回転運動を表す運動方程式（オイラーの運動方程式）を導出する。また，ラグランジュの運動方程式についても触れる。

7.3.1　細い棒の回転運動（オイラーの運動方程式）

はじめに，剛体の一例として細い一様な棒の回転運動について考える。

〔1〕 **棒の慣性モーメント**　　まず，慣性モーメントを導出する。図**7.3**に示す棒の質量を M とし，長さを l とすると，単位長さ当りの質量である線密度

7.3 剛体の回転運動

コーヒーブレイク

変位の時間微分と速度および加速度

物体が時間の経過とともに移動したり回転したりするとき，その時間変化を速度もしくは角速度と呼ぶことは高校の物理学で習ったとおりである。大学で習う力学などでは，この速度や速度の時間変化である加速度を時間微分を使って表現する。ここでは微分と速度，加速度の関係について簡単に述べておく。

ある物体が x 軸に沿って，ある時刻 t，位置 $x(t)$ で出発し，Δt [s] 後の時刻 $t + \Delta t$ において $x(t + \Delta t)$ まで移動したとする。このとき物体の平均速度 v_a は

$$v_a = \frac{x(t + \Delta t) - x(t)}{t + \Delta t - t} = \frac{x(t + \Delta t) - x(t)}{\Delta t} \tag{1}$$

となり（図参照），点 AB を結ぶ線分の傾きを表している。

これは，あくまで時刻 t から $t + \Delta t$ までの時間 Δt における平均速度である。この時間 Δt を無限に小さくすると，ある時刻 t における瞬間の速度 $v(t)$ が，変位 $x(t)$ の時間微分として

$$v(t) = \lim_{\Delta t \to 0} v_a = \lim_{\Delta t \to 0} \frac{x(t + \Delta t) - x(t)}{\Delta t} = \frac{dx(t)}{dt} = \dot{x}(t) \tag{2}$$

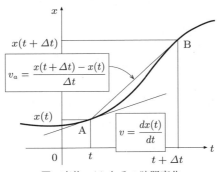

図　変位 $x(t)$ とその時間変化

と表現される。図を見ると v は点 A における接線の傾きになっていることがわかる。$\dot{x}$ は「x ドット」と読み，「ドット」は時間微分を表す記号としてよく用いられる。本書でもこの「ドット」を時間微分を表す記号として用いることとする。図からも明らかなように，時刻 t における微係数 $dx(t)/dt$ はその時刻の接線の傾きであり，速度を表すのである。

同じように，速度の時間変化である加速度（a とする）は，速度の時間微分 $\dot{v}$ であり，変位 x の 2 階微分 $\ddot{x}$ で与えられる。

$$a = \dot{v} = \frac{dv}{dt} = \frac{d^2x}{dt^2} = \ddot{x} \tag{3}$$

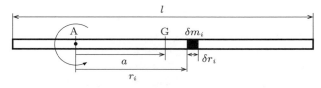

図 **7.3** 一様な棒の慣性モーメント

ρ は $\rho = M/l$ である．この棒を n 分割し，図に示すように棒の中心（重心 G）から左に a の距離の点 A を中心に本書の紙面内で回転しているものとする．分割された棒の断片の質量を δm_i，長さを δr_i とする．

この各断片に番号を振り，回転中心から i 番目の断片までの距離，つまり回転半径を r_i とする．この i 番目の断片の慣性モーメント I_i は式 (7.4) から

$$I_i = \delta m_i \, r_i^2 \tag{7.6}$$

となる．棒全体の慣性モーメント I は断片の慣性モーメントをすべてを足し合わせたものであるので次式で表せる．

$$I = \delta m_1 r_1^2 + \delta m_2 r_2^2 + \cdots + \delta m_n r_n^2 = \sum_{i=1}^{n} \delta m_i r_i^2 \tag{7.7}$$

断片の質量 δm_i は線密度 ρ と長さ δr_i から $\delta m_i = \rho \delta r_i$ である．ここで，分割数 n を無限大（$n \to \infty$）にすることで断片の長さを無限小にする（$\delta r_i \to dr$）という極限操作を行うと

$$\begin{aligned} I &= \lim_{n \to \infty} \sum_{i=1}^{n} \delta m_i r_i^2 = \lim_{n \to \infty} \sum_{i=1}^{n} \rho r_i^2 \delta r_i \\ &= \int_{a-l/2}^{a+l/2} \rho r^2 dr = \int_{a-l/2}^{a+l/2} \frac{Mr^2}{l} dr \\ &= \frac{Ml^2}{12} + Ma^2 \end{aligned} \tag{7.8}$$

となる．ちなみに，回転中心が棒の中心，つまり棒の重心にあった場合（$a = 0$）の重心まわりの慣性モーメント I_G は

$$I_{\mathrm{G}} = \frac{1}{12} M l^2 \tag{7.9}$$

である．

〔2〕 **一般の剛体の慣性モーメント**　続いて，一般的な剛体について考える（図 **7.4**）．慣性モーメントは回転運動にかかわる物理量であるので，回転軸 A を考える．また，棒と同様に剛体を微小な断片に n 分割する．このとき i 番目の断片の質量は等分されているとは限らないので断片ごとに異なるものとして δm_i と置き，回転軸 A を原点として断片までの位置ベクトルを $\bm{r}_i$ とする．このとき，この断片の慣性モーメント I_i は式 (7.4) から

$$I_i = \delta m_i \bm{r}_i^2 \tag{7.10}$$

となる．微小質量 δm_i は微小体積 δV_i に密度 ρ を掛けた $\rho \delta V_i$ である．また，剛体の慣性モーメント I_{A} は断片の慣性モーメントをすべてを足し合わせたものであるので

$$I_{\mathrm{A}} = \sum_{i=1}^{n} \delta m_i \bm{r}_i^2 = \sum_{i=1}^{n} \rho \delta V_i \bm{r}_i^2 \tag{7.11}$$

である．この分割数を無限大にする（$n \to \infty$）極限操作を行うと $\delta V_i \to dV$ となり

$$I_{\mathrm{A}} = \lim_{n \to \infty} \sum_{i=1}^{n} \rho \delta V_i \bm{r}_i^2 = \rho \int_V r^2 dV \tag{7.12}$$

として剛体の点 A まわりの慣性モーメント I_{A} が得られる．

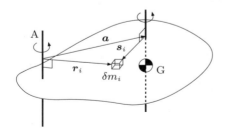

図 **7.4**　一般の剛体の慣性モーメント

〔3〕 **平行軸の定理**　剛体の慣性モーメントは回転させる軸の位置によって異なる．このことについて以下に示す平行軸の定理が成り立つ．

定理 7.1　平行軸の定理

任意の回転軸 A まわりの慣性モーメント I_A は，その回転軸に平行で剛体の重心を通る回転軸まわり，つまり重心まわりの慣性モーメント I_G に質量 M と重心から回転軸までの距離 a の 2 乗を掛けた Ma^2 を足したものに等しい。つまり，次式が成り立つ。

$$I_\mathrm{A} = I_\mathrm{G} + Ma^2 \tag{7.13}$$

証明　ここで，〔2〕で設定した回転軸 A からこれと平行で剛体重心を通る回転軸 G を考える（図 7.4）。A から G までのベクトルを $\boldsymbol{a}$ とし，重心を通る回転軸 G から各剛体断片 δm_i までのベクトルを $\boldsymbol{s}_i$ とする。つまり，$\boldsymbol{r}_i = \boldsymbol{s}_i + \boldsymbol{a}$ である。このとき，回転軸 A まわりの慣性モーメントは式 (7.12) から次式となる。

$$\begin{aligned}
I_\mathrm{A} &= \sum_{i=1}^{n} \delta m_i \boldsymbol{r}_i^2 = \sum_{i=1}^{n} \delta m_i (\boldsymbol{s}_i + \boldsymbol{a})^2 \\
&= \sum_{i=1}^{n} \delta m_i \boldsymbol{s}_i^2 + 2\boldsymbol{a} \cdot \sum_{i=1}^{n} \delta m_i \boldsymbol{s}_i + \sum_{i=1}^{n} \delta m_i \boldsymbol{a}^2
\end{aligned} \tag{7.14}$$

── コーヒーブレイク ──

慣性モーメントと平行軸の定理の意味するところ

剛体の回転運動において，回転させるときに「重く感じる度合い」が慣性モーメントによって表現される。しかも，同じ剛体であっても回す場所（回転軸の位置）が異なると慣性モーメントは異なる。例えば，一様な棒を回転させる場合，棒の先端を持って回転させる場合と中央を持って回転させる場合では，先端を持って回すほうが「重く」感じる。平行軸の定理を使うと，重心まわりの慣性モーメントがわかれば，同じ剛体におけるさまざまな場所（平行な軸まわり）の慣性モーメント（この「回す重さ」の違い）を計算することができる。具体的には，重心から a 離れた点で回転させたとき，重心まわりに回転させるときよりも Ma^2 だけ回しにくい（重く感じる）のである。歩行機の慣性モーメントを導出するうえでも便利な定理である。前述した細い棒の慣性モーメントである式 (7.8) を見てみると，この平行軸の定理を表していることがわかる。

ただし，演算「・」はベクトルの内積を表す。ここで，s_i が重心位置から δm_i までの距離なので，後述の式 (8.4) から $\sum \delta m_i s_i = \mathbf{0}$ である。また，重心まわりの慣性モーメントは $I_\mathrm{G} = \sum \delta m_i s_i^2$ であることから，$|\boldsymbol{a}| = a$ とすると

$$I_\mathrm{A} = I_\mathrm{G} + Ma^2 \tag{7.15}$$

となる。 □

〔4〕 剛体の回転運動エネルギー 剛体のある軸 A まわりの回転運動エネルギーを考える[†]。〔2〕で考えた微小質量 δm_i に対して，回転軸 A からの距離 r_i，回転の角速度を ω とすると δm_i の速度は $r_i \omega$ である。したがって，微小質量の運動エネルギー T_i は

$$T_i = \frac{1}{2} \delta m_i (r_i \omega)^2 = \frac{1}{2} \delta m_i r_i^2 \omega^2 \tag{7.16}$$

となる。剛体の運動エネルギーはすべての微小質量のエネルギーの和なので

$$T = \sum_{i=1}^{n} T_i = \sum_{i=1}^{n} \frac{1}{2} \delta m_i r_i^2 \omega^2 = \frac{1}{2} I_\mathrm{A} \omega^2 \tag{7.17}$$

となる。さらに，慣性モーメント式 (7.11) から

$$T = \frac{1}{2} I_\mathrm{A} \omega^2 \tag{7.18}$$

となる。つまり，回転運動エネルギーはその回転軸まわりの慣性モーメントに角速度の 2 乗を掛けて 2 で割ったものであり，並進運動エネルギーと同じ構造を持つ。

7.3.2 棒振り子の運動方程式（オイラーの運動方程式）

これまでに用いてきた一様な棒について，図 **7.5** に示すような棒の先端を回転するように固定した振り子の運動を考える。

鉛直下方から反時計まわりを正として棒の回転角度を q とする。回転中心から振り子の重心までの距離は $l/2$ である。重力加速度を g とすると，重心には

[†] 回転運動エネルギーはラグランジュの運動方程式（7.4 節）の導出時にも必要となる物理量である。

7. 受動歩行機設計のための力学

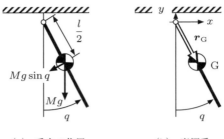

(a) 重力の作用 　　(b) 座標系

図 **7.5** 一様な棒振り子

重力 Mg が作用し，棒に垂直な成分 $Mg\sin q$ が回転運動にかかわる力となる。棒に平行な成分は，棒が剛体，すなわち伸び縮みしないことから運動に関係しない。この棒に垂直な成分に回転中心からの距離 $l/2$ を掛けた力のモーメント（トルク）$\dfrac{Mgl}{2}\sin q$ が外力[†]で，回転方向が時計まわりであるから符号はマイナスである。ここで，棒の先端まわりの慣性モーメントを I とすると，これに角加速度を掛けたものが重力による力のモーメントに釣り合うことから，振り子の運動方程式は

$$I\ddot{q} = -\frac{Mgl}{2}\sin q \tag{7.19}$$

$$\ddot{q} = -\lambda^2 \sin q \tag{7.20}$$

$$\lambda = \sqrt{\frac{Mgl}{2I}} \tag{7.21}$$

となる。式 (7.20) は後述する運動解析のために便利な表現で，λ はいわゆる振り子の固有振動数である。

【粘性抵抗を含む一般的な力学系の運動方程式】 運動方程式 (7.20) は抵抗を考慮していないモデルであるため，一度振動を始めると減衰することなく振動が継続する。しかし，実際の振り子は粘性抵抗や空気抵抗の影響を受けて振幅が減衰し，振動はやがて停止する。このような現象を考慮するために角速度 $\dot{q}$ に比例した抵抗力 $C\dot{q}$ （C は粘性係数）を運動方程式に導入する。

[†] 厳密には外トルクなどと呼ぶべきかもしれないが，外部から受ける力とトルクをあわせた一般的な力という意味で外力と呼んでいる。

$$I\ddot{q} + C\dot{q} + \frac{Mgl}{2}\sin q = 0 \tag{7.22}$$

$$\ddot{q} + 2\zeta\lambda\dot{q} + \lambda^2 \sin q = 0 \tag{7.23}$$

$$\zeta = \frac{C}{2\lambda I} \tag{7.24}$$

式 (7.24) で与えられる ζ は減衰係数と呼ばれる。式 (7.22) のように，力学系の運動方程式は左辺第 1 項に慣性項（$\ddot{q}$ の項），第 2 項に粘性項（$\dot{q}$ の項），第 3 項に重力項（もしくはバネによる復元力の項，q の項）となるように整理すると見やすくなる。

7.3.3 テイラー展開と運動方程式の線形化

前項で振り子の運動方程式が得られたが，これを解くことで振り子の運動を解析することができる。しかし，得られた運動方程式 (7.20) は，変数である角度 q の正弦関数を右辺に持っているため，非線形微分方程式になっている。非線形微分方程式のいくつかは解が得られるのだが，一般には解析的に解くことができない。幸いなことに，この微分方程式 (7.20) は初期値を与えて解くことが可能であるが少々煩雑である。本書ではより簡単に微分方程式を解いて運動を解析するために線形化を行う。線形化するために，まずは非線形関数の原点におけるテイラー展開（マクローリン展開[†]）を行う。テイラー展開は以下で定義される。

〔1〕 **テイラー展開**　ある変数 q の $q = \alpha$ における関数 $f(q)$ のテイラー展開は

$$f(q) = f(q)|_{q=\alpha} + \left.\frac{df(q)}{dq}\right|_{q=\alpha} (q-\alpha) + \frac{1}{2!}\left.\frac{d^2 f(q)}{dq^2}\right|_{q=\alpha} (q-\alpha)^2$$
$$+ \cdots + \frac{1}{n!}\left.\frac{d^n f(q)}{dq^n}\right|_{q=\alpha} (q-\alpha)^n + \cdots \tag{7.25}$$

で与えられる。$df/dq|_{q=\alpha}$ は df/dq を計算した関数に $q = \alpha$ を代入するという

[†] 原点でのテイラー展開をマクローリン展開という。

記号である．したがって，定数（係数）となる．これを，$\alpha = 0$ として

$$a_n = \frac{1}{n!} \frac{d^n f(q)}{dq^n}\bigg|_{q=0} \tag{7.26}$$

と置くと式 (7.25) は

$$f(q) = a_0 + a_1 q + a_2 q^2 + \cdots + a_n q^n + \cdots \tag{7.27}$$

となり，a_n を係数列とする，べき級数（n 次多項式の一種で係数が数列）となっていることがわかる．言い換えると，もとの非線形関数 $f(q)$ を特殊な n 次多項式で置き換えることができることを意味している．

例題 7.1 $f(q) = \sin q$ のマクローリン展開を計算せよ．

【解答】 正弦関数のマクローリン展開を計算すると次式となる．

$$\sin q = q - \frac{1}{3!} q^3 + \frac{1}{5!} q^5 - \frac{1}{7!} q^7 + \cdots \tag{7.28} \quad \diamondsuit$$

〔2〕 **線形近似** さらに，〔1〕で得られたべき級数 $f(q)$ を n 次項までとし，残りの高次項を省略すると n 次多項式で近似することになる．具体的に例題 7.1 の結果を 1 次項，3 次項，5 次項までと次数を増やしながら図示してみると図 **7.6** のようになる．この図から，次数を大きくしていくともとの関数 $f(q) = \sin q$ に重なる範囲が徐々に広がっていく様子が確認できる．つまり，次数を大きくすれば近似精度がよくなる（範囲が広がる）．しかし，1 次項までを用いた近似，つまり，1 次（線形）近似することで非常に解析が容易になる場合が多い．あえて式を書いてみると

$$\sin q \approx q \tag{7.29}$$

である．これを先の非線形微分方程式 (7.20) に適用すると

$$\ddot{q}(t) = -\lambda^2 q(t) \tag{7.30}$$

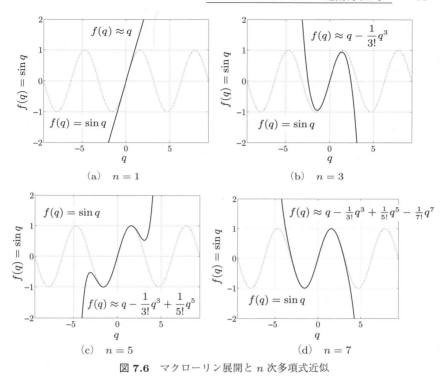

図 **7.6** マクローリン展開と n 次多項式近似

となる．粘性項を含む式 (7.23) であれば次式となる．

$$\ddot{q}(t) + 2\zeta\lambda\dot{q}(t) + \lambda^2 q(t) = 0 \tag{7.31}$$

7.4 ラグランジュの運動方程式

これまでの運動方程式の導出において，並進系にはニュートンの運動方程式を，回転系にはオイラーの運動方程式をそれぞれ用いてきた．導出方法はそれぞれ力もしくはモーメントの釣り合いに基づいている．しかし，自由度が大き

> **コーヒーブレイク**

バネ・マス・ダンパー系の運動方程式と振り子の関係

機械系において並進運動する系としてよく用いられるのが図に示すバネ・マス・ダンパー系である。質点にバネとダンパーが取り付けてあり，これが図では右側の壁によって固定されているシステムである（必ずしも左右方向の運動でなくてよい）。

図 (a) に示すように，この質点を外力 f で右向きに押すと質点は右に x 移動（図 (b)）する。このとき，質点には慣性力 $M\ddot{x}$ が，ダンパーには速度に比例した粘性抵抗力 $C\dot{x}$ が，バネには縮むことによって生じる復元力 Kx が外力と逆向きに発生する。この三つの力と外力が釣り合うことからバネ・マス・ダンパー

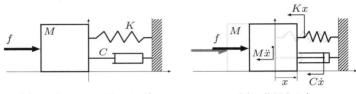

(a) バネ・マス・ダンパー系　　(b) 作用する力
図　質点の並進運動とバネ・マス・ダンパー系

系の運動方程式は次式で与えられる。

$$M\ddot{x} + C\dot{x} + Kx = f \tag{1}$$

さらに，式 (1) の両辺を質量 M で割り，$\lambda = \sqrt{K/M}$，$\zeta = C/\left(2\sqrt{KM}\right)$，$u = f/M$ と置くと次式が得られる。

$$\ddot{x} + 2\zeta\lambda\dot{x} + \lambda^2 x = u \tag{2}$$

粘性抵抗を持つ場合の振り子を表す式 (7.31) は，式 (2) で表されたバネ・マス・ダンパー系の運動方程式において $u = 0$ としたものと同じ 2 階の線形常微分方程式であることがわかる（変数は x と q で異なるが数学的には同じものとみなせる）。

本書は，この線形化された運動方程式を解き，振り子の運動（これが歩行機の運動の本質である）を解析するものである。したがって，歩行機に限らず，2 階の線形常微分方程式で表すことのできるシステムであれば議論の多くが適用できるものである。

注意すべき点として，図 7.6 (a) を見るとわかるように 1 次多項式による近似ではもとの $\sin q$ に近い図形となるのは原点 $q = 0$ に近いごくごく狭い範囲（原点近傍という）に限られることがあげられる。したがって，線形化された運動方程式 (7.30) も，振り子が揺れる範囲が狭い場合についてのみ，もとの非線形運動方程式の挙動を表現できることになる。

くなる，回転と並進が混在する運動となるなど複雑な運動を取り扱う場合，力やモーメントの釣り合いを考えるのは複雑で困難となることがある．

ここで紹介するラグランジュ手法は解析力学分野で用いられる運動方程式である．ラグランジュ手法は，並進系と回転系の変数を一般化座標として区別なく取り扱える点と，幾何学的な関係からラグランジアンを導出すれば，力やモーメントの釣り合いから導出することが困難な複雑なシステムでも自動的に運動方程式を計算できる点で非常に有効である．本書でも 5.3 節において，円弧に拘束された転がり運動を定式化する必要がある正面内における歩行機全体の運動方程式をこのラグランジュ手法により導出してきた．

しかし，このラグランジュの運動方程式 (7.32) を導出するには解析力学の知識が必要であるため，この本では取り扱わない．興味がある読者は適宜解析力学に関する書籍などを参照していただきたい．ここでは 7.3.2 項で扱った簡単なシステムである棒振り子図 7.5 を例題として，ラグランジュ手法を適用し運動方程式を導出する過程をあらためて示すことで読者の理解を促すことにする．

定理 7.2 ラグランジュの運動方程式

一般化座標を q，一般化速度を $\dot{q}$ および一般化力を τ とする．ここで運動エネルギー $\mathcal{T}$ とポテンシャルエネルギー $\mathcal{U}$ の差であるラグランジアン $\mathcal{L} = \mathcal{T} - \mathcal{U}$ を用いると運動方程式は

$$\frac{d}{dt}\left(\frac{\partial \mathcal{L}}{\partial \dot{q}}\right) - \frac{\partial \mathcal{L}}{\partial q} = \tau \tag{7.32}$$

となる．

7.4.1 ラグランジアンの導出

7.3.2 項で述べた図 7.5 に示す棒振り子を考える（あらためて図 **7.7** に示す）．

86   7. 受動歩行機設計のための力学

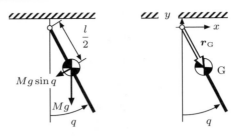

図 7.7 一様な棒振り子

〔1〕 **運動エネルギー**　このシステムの一般化座標は q でスカラー量となる。$\boldsymbol{r}_G = [x_G, y_G]^T$ † を xy 平面内における振り子の重心 G の位置ベクトルとすると，重心位置は具体的に

$$\boldsymbol{r}_G = [x_G, y_G]^T = \begin{bmatrix} x_G \\ y_G \end{bmatrix} = \begin{bmatrix} \dfrac{l}{2}\sin q \\ -\dfrac{l}{2}\cos q \end{bmatrix} \tag{7.33}$$

となる（図 7.7 (b) 参照）。この重心 G の x, y 座標位置を時間で微分すると重心の速度ベクトル $\boldsymbol{v}_G$ は

$$\boldsymbol{v}_G = \dot{\boldsymbol{r}}_G = \begin{bmatrix} \dot{x}_G \\ \dot{y}_G \end{bmatrix} = \begin{bmatrix} \dfrac{l}{2}\cos q \cdot \dot{q} \\ \dfrac{l}{2}\sin q \cdot \dot{q} \end{bmatrix} \tag{7.34}$$

となる。

例題 7.2　合成関数 $f(q(t))$ の t に関する微分を求めよ。

【解答】

$$\dot{f}(q(t)) = \frac{d}{dt}f(q(t)) = \frac{df(q)}{dq}\frac{dq}{dt} = \frac{df(q)}{dq}\dot{q}(t) \tag{7.35}$$

である。　　　　　　　　　　　　　　　　　　　　　　　　　　　　　◇

---

† 上付添え字の T は転置を表す。わざわざベクトルを転置して横向きにしているのは本文中に縦ベクトルを書くと収まりが悪いためで，純粋な表記上のテクニックである。

例題 7.3 $\sin q(t)$ の時間微分を計算せよ。

【解答】

$$\frac{d}{dt}\{\sin q(t)\} = \frac{d\sin q}{dq} \cdot \frac{dq(t)}{dt} = \cos q(t) \cdot \dot{q}(t) \tag{7.36}$$

となる。 ◇

したがって、振り子の並進運動エネルギー $\mathcal{T}_t$ は $\boldsymbol{v}_G$ を用いて

$$\begin{aligned}\mathcal{T}_t &= \frac{1}{2}M\boldsymbol{v}_G^2 = \frac{1}{2}M(\dot{x}_G^2 + \dot{y}_G^2)\\ &= \frac{1}{8}Ml^2\dot{q}^2\end{aligned} \tag{7.37}$$

となる。回転運動エネルギー $\mathcal{T}_r$ は式 (7.11) から重心まわりの慣性モーメント I_G を用いて

$$\mathcal{T}_r = \frac{1}{2}I_G\dot{q}^2 = \frac{1}{24}Ml^2\dot{q}^2 \tag{7.38}$$

とできる。回転運動エネルギー $\mathcal{T}$ は重心まわりの回転運動エネルギー $\mathcal{T}_r$ と並進運動エネルギー $\mathcal{T}_t$ の和であるので

$$\mathcal{T} = \mathcal{T}_r + \mathcal{T}_t = \frac{1}{6}Ml^2\dot{q}^2 = \frac{1}{2}I\dot{q}^2 \tag{7.39}$$

となる。$I = Ml^2/3$ は棒の先端まわりの慣性モーメントであることに注意する。

例題 7.4 長さ l の一様な棒を棒の先端で回転させたときの慣性モーメント I を求めよ。

【解答】

$$I = \int_0^l \frac{Mr^2}{l}dr = \left[\frac{Mr^3}{3l}\right]_0^l = \frac{Ml^2}{3} \tag{7.40}$$

[2] **ポテンシャルエネルギーとラグランジアン** 接地点を基準とすると，ここから重心までの鉛直距離は y_G なのでポテンシャルエネルギーは

$$\mathcal{U} = Mgy_G = Mg\left(-\frac{l}{2}\cos q\right) \tag{7.41}$$

となる。したがって，ラグランジアン $\mathcal{L}$ は次式で与えられる。

$$\mathcal{L} = \frac{1}{2}I\dot{q}^2 + \frac{Mgl}{2}\cos q \tag{7.42}$$

7.4.2 ラグランジュの運動方程式

ラグランジュの運動方程式 (7.32) にラグランジアン（式 (7.42)）を代入して計算する。ただし，一般化座標 q と一般化速度 $\dot{q}$ がスカラー量なので偏微分ではなく微分となることに注意する（記述は偏微分記号を残した）。

$$\frac{\partial \mathcal{L}}{\partial \dot{q}} = \frac{\partial \mathcal{T}}{\partial \dot{q}} = I\dot{q} \tag{7.43}$$

$$\frac{d}{dt}\left(\frac{\partial \mathcal{L}}{\partial \dot{q}}\right) = \frac{d}{dt}(I\dot{q}) = I\ddot{q} \tag{7.44}$$

$$\frac{\partial \mathcal{L}}{\partial q} = \frac{\partial \mathcal{T}}{\partial q} - \frac{\partial \mathcal{U}}{\partial q} = -\frac{Mgl}{2}\sin q \tag{7.45}$$

一般化力を $\tau = 0$ とし，以上の結果をまとめると振り子の運動方程式は次式で与えられる。

$$I\ddot{q} + \frac{Mgl}{2}\sin q = 0 \tag{7.46}$$

この式 (7.46) を変形すると 7.3.2 項で得られた運動方程式 (7.19) と同じものであることがわかる。

7.5 衝　　　突

2 足歩行は片脚で運動している片脚支持期から，遊脚が地面に衝突し両脚支持期を経て再び片脚支持期に移行しこれを繰り返す。リムレスホイールもまた脚の衝突を生じる。衝突問題はこの遊脚が地面に衝突する現象を数学的に取り

扱うために必要となる．ここでは11章で必要なこの衝突問題について基本的な力学を解説する．

7.5.1 運　動　量

定義 7.1 質量 m の質点が速度 v で運動するとき，運動量 p は

$$p = mv \tag{7.47}$$

と定義される．

衝突から話が少しそれるが，この運動量を用いるとニュートンの運動方程式 (7.1) は

$$\dot{p} = f \tag{7.48}$$

と書き直せる．つまり，ニュートンの運動方程式を質点の運動量が時間的に変化する割合は作用させた力に等しいと言い換えることができるのである．もし外力 f が働かない場合，運動量は時間的に変化しないことになる．衝突問題は，この運動量の総和が衝突の前後で保存される（変化しない）という運動量保存則を使って表現する．

7.5.2 質点の衝突と完全非弾性衝突

まず，最も簡単なケースとして，図 **7.8** に示すような1次元空間（直線上）における衝突を考える．

(a) 衝突前　　　　　　　　　(b) 衝突後

図 **7.8** 質点の衝突

図 (a) のように質量 m と M を持つ質点がそれぞれ速度 v^- と V^- で衝突し，衝突後，図 (b) のように v^+ と V^+ に速度が変化したものとする[†1]。このとき運動量の和が衝突前後で保存される。式で表すと

$$mv^+ + MV^+ = mv^- + MV^- \tag{7.49}$$

となる。これが運動量保存則で一般的に表現すると以下のようになる。

定理 7.3　運動量保存則

　ある系が外力を受けないとき，その系の運動量の総和は保存される（不変である）。

つぎに，図 **7.9** に示すように衝突後二つの質点は跳ね返らずに一体化するものと仮定する。これを完全非弾性衝突という。一体化するということは，二つの質点が衝突後同じ速度で移動することを意味するので $v^+ = V^+$ となり

$$mv^+ + MV^+ = (m+M)V^+ = mv^- + MV^- \tag{7.50}$$

が成り立つ。この関係から衝突直前の速度が既知であるとすれば衝突直後の速度 V^+ が計算できる。

$$V^+ = \frac{mv^- + MV^-}{m+M} \tag{7.51}$$

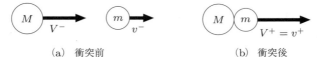

(a) 衝突前　　　　　　(b) 衝突後

図 **7.9**　完全非弾性衝突

この衝突問題を 3 次元空間に拡張する。質点の速度ベクトルを $\boldsymbol{v} = [v_x, v_y, v_z]^T$ とし[†2]，二つの質点 m, M の衝突前後の速度ベクトルを $\boldsymbol{v}^-, \boldsymbol{V}^-$ および $\boldsymbol{v}^+, \boldsymbol{V}^+$ とすると運動量保存則から

[†1]　右上付の添え字は − が衝突直前，+ が衝突直後を表すものとする。
[†2]　2 次元空間の場合は $\boldsymbol{v} = [v_x, v_y]^T$ とすればよい。

$$m\begin{bmatrix} v_x^+ \\ v_y^+ \\ v_z^+ \end{bmatrix} + M\begin{bmatrix} V_x^+ \\ V_y^+ \\ V_z^+ \end{bmatrix} = m\begin{bmatrix} v_x^- \\ v_y^- \\ v_z^- \end{bmatrix} + M\begin{bmatrix} V_x^- \\ V_y^- \\ V_z^- \end{bmatrix} \qquad (7.52)$$

$$m\boldsymbol{v}^+ + M\boldsymbol{V}^+ = m\boldsymbol{v}^- + M\boldsymbol{V}^- \qquad (7.53)$$

となる。これは，x, y, z 軸方向の運動量に分けてそれぞれ考えればよいことを示している。また，1次元のときと同じように非弾性衝突を仮定すると衝突後の速度 $\boldsymbol{V}^+$ は

$$\boldsymbol{V}^+ = \frac{m\boldsymbol{v}^- + M\boldsymbol{V}^-}{m + M} \qquad (7.54)$$

となる。

7.5.3 角運動量

〔1〕 **質点の角運動量** 7.5.1 項で導入した質点の運動量のモーメント，つまり角運動量を考える。

定義 7.2 速度ベクトル $\boldsymbol{v}$ で運動する質量 m の質点は運動量 $\boldsymbol{p}$ を持つ。このとき，原点からの位置 $\boldsymbol{r}$ における角運動量 $\boldsymbol{L}$ は

$$\boldsymbol{L} = \boldsymbol{r} \times \boldsymbol{p} = \boldsymbol{r} \times m\boldsymbol{v} = m(\boldsymbol{r} \times \boldsymbol{v}) \qquad (7.55)$$

と定義される。ここで，$\times$ はベクトル積である。

角速度を $\boldsymbol{\omega}$，慣性モーメントを I とすると，運動量が質量と速度の積で表されたのと同じように，回転運動の運動量である角運動量は質量に相当する慣性モーメントと角速度の積として

$$\boldsymbol{L} = I\boldsymbol{\omega} \qquad (7.56)$$

と表すこともできる。

〔2〕 **質点系の角運動量と剛体の重心まわりの角運動量**　つぎに，質点が n 個ある質点系について考える．質点系の各質点は質量 m_i $(i=1,2,\cdots,n)$ で点 P_i にあるものとする．

定理 7.4　質点系の角運動量 $\boldsymbol{L}$ とその重心まわりの角運動量 $\boldsymbol{L}_\mathrm{G}$ の間にはつぎの関係が成り立つ（文献69) の 10.4 節参照）．

$$\boldsymbol{L} = \boldsymbol{L}_\mathrm{G} + M\boldsymbol{r}_\mathrm{G} \times \boldsymbol{v}_\mathrm{G} \tag{7.57}$$

ただし，$\boldsymbol{r}_\mathrm{G}$ は原点から重心までの位置ベクトルで，$\boldsymbol{v}_\mathrm{G}$ は質点系重心の並進速度である．

証明　質点 m_i の原点 O からみた点 P_i（位置 $\boldsymbol{r}_{\mathrm{P}_i}$[†]）における角運動量を $\boldsymbol{L}_{\mathrm{P}_i}$ とすると

$$\boldsymbol{L}_{\mathrm{P}_i} = m_i \boldsymbol{r}_{\mathrm{P}_i} \times \boldsymbol{v}_{\mathrm{P}_i} \tag{7.58}$$

となる．ただし，$\boldsymbol{v}_{\mathrm{P}_i}$ は質点 m_i の速度で $\boldsymbol{v}_{\mathrm{P}_i} = \dot{\boldsymbol{r}}_{\mathrm{P}_i}$ である．これをすべて足し合わせたものが質点系の原点まわりの角運動量 $\boldsymbol{L}$ で

$$\begin{aligned}\boldsymbol{L} &= m_1 \boldsymbol{r}_{\mathrm{P}_1} \times \boldsymbol{v}_{\mathrm{P}_1} + m_2 \boldsymbol{r}_{\mathrm{P}_2} \times \boldsymbol{v}_{\mathrm{P}_2} + \cdots + m_n \boldsymbol{r}_{\mathrm{P}_n} \times \boldsymbol{v}_{\mathrm{P}_n} \\ &= \sum_{i=1}^{n} m_i \boldsymbol{r}_{\mathrm{P}_i} \times \boldsymbol{v}_{\mathrm{P}_i}\end{aligned} \tag{7.59}$$

となる．ここで，質点系の重心位置を $\boldsymbol{r}_\mathrm{G}$ とし，重心から点 P_i にある質点 m_i までの位置ベクトルを $\boldsymbol{r}_{\mathrm{GP}_i}$ とすると

$$\boldsymbol{r}_{\mathrm{P}_i} = \boldsymbol{r}_\mathrm{G} + \boldsymbol{r}_{\mathrm{GP}_i} \tag{7.60}$$

となるので速度はこれを時間 t で微分することで

$$\boldsymbol{v}_{\mathrm{P}_i} = \dot{\boldsymbol{r}}_{\mathrm{P}_i} = \dot{\boldsymbol{r}}_\mathrm{G} + \dot{\boldsymbol{r}}_{\mathrm{GP}_i} = \boldsymbol{v}_\mathrm{G} + \boldsymbol{v}_{\mathrm{GP}_i} \tag{7.61}$$

となる．ここで，式 (7.59) に式 (7.60) と式 (7.61) を代入すると

[†]　基準となる原点 O を陽に表す場合は $\boldsymbol{r}_{\mathrm{OP}_i}$ と書く．

$$L = \sum_{i=1}^{n} m_i \boldsymbol{r}_{\mathrm{P}_i} \times \boldsymbol{v}_{\mathrm{P}_i} \tag{7.62}$$

$$= \sum_{i=1}^{n} m_i (\boldsymbol{r}_{\mathrm{G}} + \boldsymbol{r}_{\mathrm{GP}_i}) \times (\boldsymbol{v}_{\mathrm{G}} + \boldsymbol{v}_{\mathrm{GP}_i})$$

$$= \sum_{i=1}^{n} m_i \boldsymbol{r}_{\mathrm{G}} \times \boldsymbol{v}_{\mathrm{G}} + \sum_{i=1}^{n} m_i \boldsymbol{r}_{\mathrm{GP}_i} \times \boldsymbol{v}_{\mathrm{GP}_i}$$

$$+ \sum_{i=1}^{n} m_i \boldsymbol{r}_{\mathrm{G}} \times \boldsymbol{v}_{\mathrm{GP}_i} + \sum_{i=1}^{n} m_i \boldsymbol{r}_{\mathrm{GP}_i} \times \boldsymbol{v}_{\mathrm{G}}$$

$$= M \boldsymbol{r}_{\mathrm{G}} \times \boldsymbol{v}_{\mathrm{G}} + \sum_{i=1}^{n} (m_i \boldsymbol{r}_{\mathrm{GP}_i} \times \boldsymbol{v}_{\mathrm{GP}_i})$$

$$+ \boldsymbol{r}_{\mathrm{G}} \times \left(\sum_{i=1}^{n} m_i \boldsymbol{v}_{\mathrm{GP}_i} \right) + \left(\sum_{i=1}^{n} m_i \boldsymbol{r}_{\mathrm{GP}_i} \right) \times \boldsymbol{v}_{\mathrm{G}} \tag{7.63}$$

となる。ただし，$M = \sum_{i=1}^{n} m_i$ である。ここで，$\sum_{i=1}^{n} m_i \boldsymbol{r}_{\mathrm{GP}_i}$ は重心位置を原点として各質点の位置を表したとき，質点系の重心位置を与える式（後述の式 (8.4) 参照）の分子である。つまり，重心を原点としたときの重心位置であるのでゼロとなる。さらに，$\sum_{i=1}^{n} m_i \boldsymbol{r}_{\mathrm{GP}_i}$ を時間で微分すると

$$\sum_{i=1}^{n} m_i \dot{\boldsymbol{r}}_{\mathrm{GP}_i} = \sum_{i=1}^{n} m_i \boldsymbol{v}_{\mathrm{GP}_i} \tag{7.64}$$

となるのでやはりこれもゼロである。したがって

$$\boldsymbol{L} = \boldsymbol{L}_{\mathrm{G}} + M \boldsymbol{r}_{\mathrm{G}} \times \boldsymbol{v}_{\mathrm{G}} \tag{7.65}$$

ただし，$\boldsymbol{L}_{\mathrm{G}} = \sum_{i=1}^{n} (m_i \boldsymbol{r}_{\mathrm{GP}_i} \times \boldsymbol{v}_{\mathrm{GP}_i})$ とした。 □

定義 7.3 重心まわりの角運動量

$\boldsymbol{L}_{\mathrm{G}} = \sum_{i=1}^{n} (m_i \boldsymbol{r}_{\mathrm{GP}_i} \times \boldsymbol{v}_{\mathrm{GP}_i})$ は，回転中心が重心位置 G に一致したときの角運動量で，質点系または剛体の重心まわりの角運動量という。

定理7.4は質点系に関するものであったが，重心まわりの角運動量の式 $L_\mathrm{G} = \sum_{i=1}^{n}(m_i \bm{r}_{\mathrm{GP}_i} \times \bm{v}_{\mathrm{GP}_i})$ を極限操作すれば，剛体における重心まわりの角運動量にも当てはめることができる．

〔3〕 **任意の点まわりの角運動量**　つぎに，任意の固定された点まわりにおける剛体の角運動量 $\bm{L}_\mathrm{A}$ を考える．

定理 7.5　ある点 A まわりにおける剛体の角運動量 $\bm{L}_\mathrm{A}$ は剛体の重心 G まわりの角運動量 $\bm{L}_\mathrm{G}$ を用いて次式で表すことができる．

$$\bm{L}_\mathrm{A} = \bm{L}_\mathrm{G} + M\bm{r}_\mathrm{AG} \times \bm{v}_\mathrm{G} \tag{7.66}$$

ただし，$\bm{r}_\mathrm{AG}$ は点 A から重心 G までの位置ベクトルで M は剛体の質量である．

証明　まず，図 **7.10** に示すように剛体をいくつかの微少質量を持つ物体に分割して考える．微少質量 δm_i のある点 A からみた点 P_i，つまり位置ベクトル $\bm{r}_{\mathrm{AP}_i}$ における角運動量を $\bm{L}_{\mathrm{AP}_i}$ とする．このとき，点 A は座標系に固定されている（動かない）ので各微少質量の速度は $\bm{v}_{\mathrm{P}_i}$ のままであることに注意すると，$\bm{L}_{\mathrm{AP}_i}$ は

$$\bm{L}_{\mathrm{AP}_i} = \delta m_i \bm{r}_{\mathrm{AP}_i} \times \bm{v}_{\mathrm{P}_i} \tag{7.67}$$

となる．これをすべて足し合わせたものが剛体の点 A まわりの角運動量 $\bm{L}_\mathrm{A}$

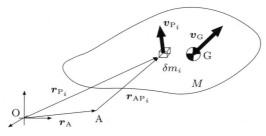

図 **7.10**　任意の点まわりの角運動量

7.5 衝突

$$L_A = \sum_{i=1}^{n} \delta m_i \boldsymbol{r}_{AP_i} \times \boldsymbol{v}_{P_i} \tag{7.68}$$

である。位置ベクトル $\boldsymbol{r}_{AP_i}$ を原点から点 A までの位置ベクトル $\boldsymbol{r}_A$ と微少質量の位置 P_i までの位置ベクトル $\boldsymbol{r}_{P_i}$ を使って表すと

$$\boldsymbol{r}_{AP_i} = \boldsymbol{r}_{P_i} - \boldsymbol{r}_A \tag{7.69}$$

となるので,式 (7.68) を変形すると次式となる。

$$\begin{aligned}\boldsymbol{L}_A &= \sum_{i=1}^{n} \delta m_i \boldsymbol{r}_{AP_i} \times \boldsymbol{v}_{P_i} = \sum_{i=1}^{n} \delta m_i (\boldsymbol{r}_{P_i} - \boldsymbol{r}_A) \times \boldsymbol{v}_{P_i} \\ &= \sum_{i=1}^{n} \delta m_i (\boldsymbol{r}_{P_i} \times \boldsymbol{v}_{P_i}) - \sum_{i=1}^{n} \delta m_i \boldsymbol{r}_A \times \boldsymbol{v}_{P_i}\end{aligned} \tag{7.70}$$

右辺第 1 項は式 (7.62) から原点まわりの角運動量 $\boldsymbol{L}$ そのものなので式 (7.57) が成り立つ。第 2 項は点 A についての和に無関係なので

$$\sum_{i=1}^{n} \delta m_i \boldsymbol{r}_A \times \boldsymbol{v}_{P_i} = \boldsymbol{r}_A \times \left(\sum_{i=1}^{n} \delta m_i \boldsymbol{v}_{P_i}\right) \tag{7.71}$$

さらに,$\sum_{i=1}^{n} \delta m_i \boldsymbol{v}_{P_i}$ は微少質量 δm_i の運動量の総和,見方を変えると剛体の重心の運動量 $M\boldsymbol{v}_G$ に等しい。したがって

$$\sum_{i=1}^{n} \delta m_i \boldsymbol{r}_A \times \boldsymbol{v}_{P_i} = \boldsymbol{r}_A \times M\boldsymbol{v}_G = M\boldsymbol{r}_A \times \boldsymbol{v}_G \tag{7.72}$$

となる。以上のことから

$$\begin{aligned}\boldsymbol{L}_A &= \boldsymbol{L}_G + M\boldsymbol{r}_G \times \boldsymbol{v}_G - M\boldsymbol{r}_A \times \boldsymbol{v}_G \\ &= \boldsymbol{L}_G + M(\boldsymbol{r}_G - \boldsymbol{r}_A) \times \boldsymbol{v}_G\end{aligned} \tag{7.73}$$

となり,$\boldsymbol{r}_{AG} = \boldsymbol{r}_G - \boldsymbol{r}_A$ を使ってまとめると,任意の点 A まわりの角運動量 $\boldsymbol{L}_A$ は

$$\boldsymbol{L}_A = \boldsymbol{L}_G + M\boldsymbol{r}_{AG} \times \boldsymbol{v}_G \tag{7.74}$$

となる。以上は微少質量に関する角運動量に関する議論であったが,式 (7.66) は極限操作を行うことで剛体についても成り立つ。 □

定理 7.6 ある点 B まわりにおける剛体の角運動量 $\boldsymbol{L}_B$ は,別の点 A まわりの角運動量 $\boldsymbol{L}_A$ を用いて次式で表すことができる。

$$L_B = L_A + M r_{BA} \times v_G \tag{7.75}$$

ただし，r_{BA} は点 B から点 A までの位置ベクトルで，M は剛体の質量である．

証明 点 B まわりの剛体の角運動量は $L_B = L_G + M r_{BG} \times v_G$ であるので

$$\begin{aligned} L_B - L_A &= M r_{AG} \times v_G - M r_{BG} \times v_G \\ &= M(r_{BG} - r_{AG}) \times v_G = M r_{BA} \times v_G \end{aligned} \tag{7.76}$$

が成り立つ．したがって，点 B まわりの角運動量 L_B を点 A まわりの角運動量 L_A を使って表すと

$$L_B = L_A + M r_{BA} \times v_G \tag{7.77}$$

となる． □

7.5.4 回転運動する剛体の衝突

ここで回転運動する剛体を考える．この剛体が図 **7.11** に示すように点 A で衝突するとき，点 A まわりの角運動量が衝突前後で保存される（角運動量保存則）．この角運動量保存則が回転運動する剛体の衝突問題を定式化する．つまり，点 A における衝突前後の角運動量をそれぞれ L_A^-, L_A^+ とすると

$$L_A^+ = L_A^- \tag{7.78}$$

となる．この議論からも明らかであるが，回転運動における衝突問題を考える場合，どの点で衝突するのか注意しなければならない．

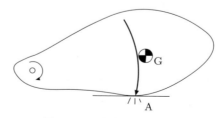

図 **7.11** 回転する剛体の衝突

コーヒーブレイク

ベクトル積とその演算

衝突問題を取り扱う際に用いたベクトル積について少し解説しておく。

二つのベクトル a と b のベクトル積

$$c = a \times b \tag{1}$$

は，この二つのベクトルがつくる平行四辺形の面積 $|a||b|\sin\theta$ に大きさが等しく，a から b の方向に回転させた右ねじの進む方向，つまり，この場合平行四辺形を含む面に直交して上を向いたベクトル c となる（図 (a)）。二つのベクトルを逆に演算すると，b から a に回転する方向（逆方向）となるのでベクトルは下向きとなる。したがって，ベクトル積の交換則は成り立たず

$$b \times a = -a \times b \tag{2}$$

となるので注意する。つぎに x と y が大きさ 1 で x 軸と y 軸に平衡で正方向を向いている単位ベクトルとする（$|x| = |y| = 1$）。この二つのベクトルのベクトル積を z とすると，x と y は直交（$\theta = \pi/2$）するので $|z| = 1$ となる。さらにベクトル積の定義からこれら三つのベクトルはたがいに直交する（図 (b)）。したがって

$$x \times y = z \tag{3}$$
$$y \times z = x \tag{4}$$
$$z \times x = y \tag{5}$$

となる。詳細についてはベクトル解析などの教科書を参照のこと。

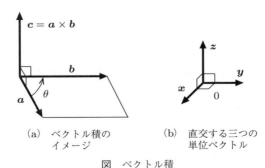

(a) ベクトル積のイメージ　　(b) 直交する三つの単位ベクトル

図　ベクトル積

8 さまざまな剛体の重心位置とその合成

図 8.1 に示すような，ペンや鉛筆を人差し指に乗せてバランスがとれる点のことを重心という。力学的に表現するならば，重心は複数の質点の集まりである質点系や質量が空間的に分布している剛体などで構成される物体においてその質量の中心を表し，その物体に重力が作用したときに分布する質量に働く重力を合成し（足し合わせ）てできた合力が作用する点を意味する。

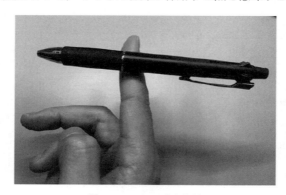

図 8.1　ペンの重心位置

ここでは，歩行機の重心位置を導出するために，質点系の合成重心，剛体の重心についてその定義を示すとともに，具体的に歩行機を構成する物体の重心位置を導出する。この重心位置は，歩行機の設計に用いる固有振動数を計算するために必要となる。

8.1 重心の合成と剛体の重心

【合成重心】 1次元空間(直線)において二つの質点 m_1 と m_2 が図 **8.2** のように配置されているものとする。このとき,重力が下向きに作用していると仮定すると,原点 O まわりにそれぞれ時計まわりの力のモーメント $m_1 x_1 g$ と $m_2 x_2 g$ が発生する。つぎに,二つの質点の質量を合計した $m_1 + m_2$ を持つ質点が,ある点 x_G に配置されているものと考えると,この合計された質点によって原点まわりに発生するモーメントは $(m_1 + m_2) x_G g$ となる。このモーメントは二つの質点が別々に発生したモーメントの合計と等しいので

$$(m_1 + m_2) x_G g = m_1 x_1 g + m_2 x_2 g \tag{8.1}$$

となる。この式を整理して x_G を求めると

$$x_G = \frac{m_1 x_1 + m_2 x_2}{m_1 + m_2} \tag{8.2}$$

となる。これが二つの質点の合成重心位置である。1次元空間において,n 個の質点 m_i ($i = 1, 2, \cdots, n$) が x_i に配置されている質点系の場合,重心 x_G は

$$\begin{aligned} x_G &= \frac{m_1 x_1 + m_2 x_2 + \cdots + m_n x_n}{m_1 + m_2 + \cdots + m_n} \\ &= \frac{\sum_{i=1}^{n} m_i x_i}{\sum_{i=1}^{n} m_i} = \frac{\sum_{i=1}^{n} m_i x_i}{M} \end{aligned} \tag{8.3}$$

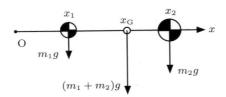

図 **8.2** 1次元空間における二つの質点の重心

で表すことができる。ただし，M はすべての質点の総和（質点系の総質量）である。この合成重心位置を質点だけでなく剛体も含め，3次元空間へと拡張してつぎのように定義する。

定義 8.1　複数の物体の合成重心

n 個の質点もしくは剛体 m_i $(i = 1, 2, \cdots, n)$ で構成される系を考える。i 番目の質点もしくは剛体重心の位置ベクトルを $\boldsymbol{r}_i = [x_i, y_i, z_i]^T$ とする（T は転置を表す）。このとき合成重心 $\boldsymbol{r}_G$ は次式で定義される。

$$\boldsymbol{r}_G = \begin{bmatrix} x_G \\ y_G \\ z_G \end{bmatrix} = \begin{bmatrix} \dfrac{\sum_{i=1}^{n} m_i x_i}{M} \\ \dfrac{\sum_{i=1}^{n} m_i y_i}{M} \\ \dfrac{\sum_{i=1}^{n} m_i z_i}{M} \end{bmatrix} = \dfrac{\sum_{i=1}^{n} m_i \boldsymbol{r}_i}{M} \tag{8.4}$$

定義 8.2　剛体の重心

δm_i をある剛体における微小質量とする。δm_i が密度 ρ，微小体積 δV_i を持つものとすると $\delta m_i = \rho \delta V_i$ である。したがって，剛体の重心位置 $\boldsymbol{r}_G$ は

$$\boldsymbol{r}_G = \frac{1}{M} \sum_{i=1}^{n} \delta m_i \boldsymbol{r}_i = \frac{\rho}{M} \sum_{i=1}^{n} \boldsymbol{r}_i \delta V_i \tag{8.5}$$

$$\to \frac{\rho}{M} \int_V \boldsymbol{r} dV = \frac{\rho}{M} \begin{bmatrix} \int_V x dV \\ \int_V y dV \\ \int_V z dV \end{bmatrix} \tag{8.6}$$

となる。ただし，$\boldsymbol{r} = [x, y, z]^T$ とした。

8.2 歩行機と遊脚の合成重心

図 8.3 に示すように，歩行機は直径 3 mm の円柱で構成される股関節軸，直方体（近似的）の腿部，扇形の一部である足部の基本図形からなる．また，腿部と足部をあわせて脚部と呼ぶことにする．まず，基本図形の重心位置を導出し，その後，各重心を合成することで歩行機の重心位置を導出する．以降の議論を進めるため，図 8.3 に示すように，歩行機のグローバル座標系の原点を直立状態の接地点にとる．

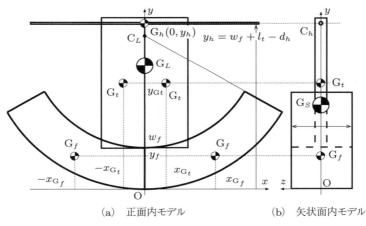

(a) 正面内モデル　　　(b) 矢状面内モデル

図 8.3 歩行機の合成重心位置と回転中心

8.2.1 基本図形の重心位置：ステンレス棒（円柱）

股関節に用いるステンレス棒は直径 3 mm，長さ l_h の一様な円柱とみなすことができる．上下左右に対称な図形であるので重心位置 G_h はその幾何学的中心に等しい．したがって，歩行機を組み立てた図 8.3 に示される各部品の位置関係から，股関節軸の重心を表す位置ベクトル $\boldsymbol{r}_{G_h}$ は

$$\boldsymbol{r}_{\mathrm{G}_h} = \begin{bmatrix} x_{\mathrm{G}_h} \\ y_{\mathrm{G}_h} \end{bmatrix} = \begin{bmatrix} 0 \\ w_f + l_t - d_h \end{bmatrix} \tag{8.7}$$

となる。

8.2.2 基本図形の重心位置：腿部（直方体）

腿部は近似的に縦 l_t，横幅 w_t，奥行き d_t の直方体とみなすと左右の腿部の重心 G_t を表す位置ベクトル $\boldsymbol{r}_{\mathrm{G}_{t\pm}}$ は

$$\boldsymbol{r}_{\mathrm{G}_{t\pm}} = \begin{bmatrix} \pm x_{\mathrm{G}_t} \\ y_{\mathrm{G}_t} \end{bmatrix} = \begin{bmatrix} \pm w_t/2 \\ w_f + l_t/2 \end{bmatrix} \tag{8.8}$$

となる。ただし，± は + が右脚，− が左脚を表すものとする。

8.2.3 基本図形の重心位置：足部（扇形）

足部は扇形で軸対称であるので，重心位置を計算する必要がある。ここで，足部は薄いと仮定し，平面内における重心を求める。計算を簡便に行うために，図 8.4(a) に示す扇形に円弧中心を原点として座標系をとる。

まず，扇形の微小質量 dm を考える。このとき微小質量の位置ベクトル $\boldsymbol{r}$ は

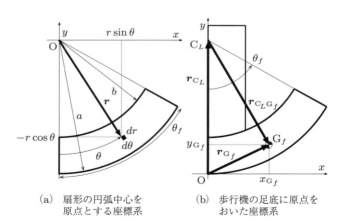

(a) 扇形の円弧中心を原点とする座標系

(b) 歩行機の足底に原点をおいた座標系

図 8.4 扇形の重心

8.2 歩行機と遊脚の合成重心

$$\boldsymbol{r} = \begin{bmatrix} x \\ y \end{bmatrix} = \begin{bmatrix} r\sin\theta \\ -r\cos\theta \end{bmatrix} \tag{8.9}$$

となる。微小質量の面積 dS は $dS = dr \cdot rd\theta$ より $dm = \rho dS = \rho r dr d\theta$ である。したがって，式 (8.6) より重心位置 $\boldsymbol{r}_G$ は

$$\begin{aligned} \boldsymbol{r}_G &= \frac{\rho}{M} \int_S \boldsymbol{r} dS \\ &= \frac{\rho}{M} \int_0^{\theta_f} \int_{-a}^{-b} r^2 \begin{bmatrix} \sin\theta \\ -\cos\theta \end{bmatrix} dr d\theta \end{aligned} \tag{8.10}$$

となる。ここで面密度は $\rho = 2M/\{\theta(a^2 - b^2)\}$ より次式となる。

$$\boldsymbol{r}_G = \frac{2(a^2 + ab + b^2)}{3\theta_f(a+b)} \begin{bmatrix} 1 - \cos\theta_f \\ -\sin\theta_f \end{bmatrix} \tag{8.11}$$

ここで，図 8.4 (b) のように，足底を原点とした座標系に変換すると，式 (8.11) は $\boldsymbol{r}_G = \boldsymbol{r}_{C_L G_f}$ と対応するので，足部の重心位置 $\boldsymbol{r}_{G_f}$ は $\boldsymbol{r}_{C_L} = [0, R]^T$ を用いて

$$\boldsymbol{r}_{G_f} = \boldsymbol{r}_{C_L} + \boldsymbol{r}_{C_L G_f} = \boldsymbol{r}_{C_L} + \boldsymbol{r}_G \tag{8.12}$$

となる。ただし，$a = R$, $b = R - w_f$ より

$$\boldsymbol{r}_G = \boldsymbol{r}_{C_L G_f} = \frac{2\left\{3R^2 - 3Rw_f + w_f^2\right\}}{3\theta_f(2R - w_f)} \begin{bmatrix} 1 - \cos\theta_f \\ -\sin\theta_f \end{bmatrix} \tag{8.13}$$

である。

8.2.4 歩行機の合成重心

したがって，正面内における歩行機全体の重心位置 $\boldsymbol{r}_{G_L}$ は

$$\boldsymbol{r}_{G_L} = \begin{bmatrix} x_{G_L} \\ y_{G_L} \end{bmatrix} = \begin{bmatrix} 0 \\ y_{G_L} \end{bmatrix} \tag{8.14}$$

$$y_{G_L} = \frac{m_h y_{G_h} + 2m_t y_{G_t} + 2m_f y_{G_f}}{M} \tag{8.15}$$

となる。ただし $M = m_h + 2m_t + 2m_f$ は歩行機全体の質量である。

矢状面内において，遊脚は前後対称構造をとるものと仮定すると[†]，y 軸上に各部品の重心が配置されることとなる。したがって，矢状面内における腿部の重心位置は $\boldsymbol{r}_{G_t} = [y_{G_t}, 0]^T$，足部の重心位置は $\boldsymbol{r}_{G_f} = [y_{G_f}, 0]^T$ となり，遊脚の重心位置 $\boldsymbol{r}_{G_S}$ は脚の質量を $M_l = m_t + m_f$ とすると次式で与えられる。

$$\boldsymbol{r}_{G_S} = \begin{bmatrix} y_{G_S} \\ z_{G_S} \end{bmatrix} = \begin{bmatrix} y_{G_S} \\ 0 \end{bmatrix} \tag{8.16}$$

$$y_{G_S} = \frac{m_t y_{G_t} + m_f y_{G_f}}{M_l} \tag{8.17}$$

最終的に正面内モデルにおける歩行機全体の固有振動数を計算するための r と遊脚の固有振動数を計算するための r_l はそれぞれ

$$r = R - y_{G_L} \tag{8.18}$$

$$r_l = y_{G_h} - y_{G_S} \tag{8.19}$$

となる。

[†] 実際の歩行機では前側がプラダン（プラスチック段ボール）1枚分厚いが，計算を簡単にするため対称性を仮定している。

9 さまざまな剛体の慣性モーメント

慣性モーメントは大学の物理や力学で登場する物理量で,その言葉の語感や回転運動という,高校では等速円運動を除いて基本的に扱わない分野であるためか苦手とする方も多い。物体(要するに皆さんのまわりにあるもの)は直線(並進)運動と回転運動の2種類の運動が組み合わされて運動する。つまり,運動を並進と回転に分けて考えることができる。この回転運動において並進運動の質量に相当する物理量が慣性モーメントである。この本で取り扱う歩行機もまた回転運動するため,設計に必要な固有振動数を求める過程において慣性モーメントの計算は避けて通れない。

そこで本章では,まずあらためて慣性モーメントについて大まかなイメージを説明し,7.3節で得られた慣性モーメントと平行軸の定理を用いてさまざまな形状をした歩行機の部品の慣性モーメントを導出する。

9.1 慣性モーメント再考

物体を並進(直線)運動させるとき,物体に働く力 f に比例した加速度 a が生じる。

$$a \propto f \tag{9.1}$$

この比例定数が物体の質量で,これを M とすればニュートンの運動方程式が得られる(7.1節参照)。

$$f = Ma = M\ddot{x} \tag{9.2}$$

ただし，x は物体の移動距離である．この式は，「同じ加速度を生じさせるためには物体の質量が大きければ大きいほど大きな力が必要である」ということを意味している．重いもの（質量が大きい物体）を動かしにくい（動かすときには大きな力が必要）という経験と一致する法則である．

では，回転運動についてはどうだろうか．物体を回転運動させるとき，物体に働く力のモーメント（工学ではトルクという）τ に比例した角加速度 α が生じる．

$$\alpha \propto \tau \tag{9.3}$$

この比例定数が物体の慣性モーメントである．慣性モーメントを I とすればオイラーの運動方程式が得られる（7.2節参照）．

$$\tau = I\alpha = I\ddot{q} \tag{9.4}$$

ただし，q は物体の回転角度である．並進運動と同じようにとらえれば，この式は「同じ角加速度を生じさせるためには物体の慣性モーメントが大きければ大きいほど大きなトルクが必要である」ということを意味していることになる．前述した並進運動と比べると，慣性モーメントは並進運動における物体の質量に相当することがわかる．回転運動も並進運動と同じように，重いもの（慣性モーメントの大きい物体）を回すときには大きな力（正確には力のモーメントもしくはトルク）が必要であるという経験と一致する．並進運動と異なる点として，「同じ物体であっても回転中心や回転方向が違うと慣性モーメントが変わる」ということを忘れてはいけない．回転軸（方向）が平行で回転中心が異なる場合については，7.3節で平行軸の定理として得られた性質である．

9.2 一様な棒

長さ l，質量 m の一様な棒を考える．このとき，線密度（単位長さ当りの質量）は $\rho = m/l$ である．重心に原点をとり，x 軸上に棒が配置されているものとすると，この棒の z 軸まわりの慣性モーメント I_z は次式で表される．

$$I_z = \int_{-l/2}^{l/2} x^2 dm$$
$$= \int_{-l/2}^{l/2} x^2 \rho dx$$
$$= \int_{-l/2}^{l/2} \frac{mx^2}{l} dx$$
$$= \left[\frac{mx^3}{3l} \right]_{-l/2}^{l/2}$$
$$= \frac{m}{3l} \left\{ \left(\frac{l}{2}\right)^3 - \left(-\frac{l}{2}\right)^3 \right\}$$
$$= \frac{ml^2}{12} \tag{9.5}$$

9.3 一様な円板

図 **9.1** に示す xy 平面に置かれた円板を z 軸(紙面に垂直で手前を正の方向とする)まわりに回転させたときの慣性モーメント I_z を考える。円板の半径は R,質量 m とする。図中の黒く塗られた領域は二つの円弧と平行でない 2 本の直線で囲まれているが,非常に小さい領域と考えると円弧部分は直線で,長さ dr と円弧長 $rd\theta$ の線分で囲まれた長方形とみなすことができる。したがって,微小面積は $dS = dr \cdot rd\theta$ なので

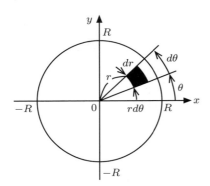

図 **9.1** 円板の慣性モーメント

$$I_z = \rho \int_S r^2 dS$$
$$= \rho \int_0^{2\pi}\int_0^R r^2 dr \cdot r d\theta$$
$$= \rho \int_0^{2\pi} d\theta \int_0^R r^3 dr$$
$$= \rho \cdot 2\pi \left[\frac{r^4}{4}\right]_0^R$$
$$= \rho \frac{\pi R^4}{2}$$
$$= \frac{mR^2}{2} \tag{9.6}$$

となる.ただし,総面積 πR^2 から面密度を $\rho = m/(\pi R^2)$ として計算している.

9.4　一様な長方形(腿部)

図 **9.2** (a) に示すように長方形を xy 平面上に重心が原点となるように置き,x 軸方向の長さを l_x,y 軸方向の長さを l_y とする.このとき,図 (b) に示すように微小面積は $dS = dxdy$ で,原点からの距離は $r = \sqrt{x^2 + y^2}$ である.この長方形の z 軸まわりの慣性モーメントは

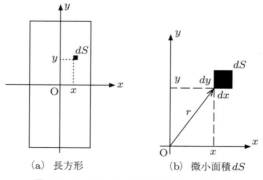

(a) 長方形　　(b) 微小面積 dS

図 **9.2**　腿部(長方形)の慣性モーメント

$$\begin{aligned}
I_z &= \rho \int_{-l_y/2}^{l_y/2} \int_{-l_x/2}^{l_x/2} r^2 dx dy \\
&= \rho \int_{-l_y/2}^{l_y/2} \int_{-l_x/2}^{l_x/2} (x^2 + y^2) dx dy \\
&= \rho \int_{-l_y/2}^{l_y/2} \left[\frac{x^3}{3} + xy^2 \right]_{-l_x/2}^{l_x/2} dy \\
&= \rho \int_{-l_y/2}^{l_y/2} \left(\frac{l_x^3}{12} + l_x y^2 \right) dy \\
&= \rho \left[\frac{l_x^3}{12} y + l_x \frac{y^3}{3} \right]_{-l_y/2}^{l_y/2} \\
&= \rho \left(\frac{l_x^3 l_y}{12} + \frac{l_x l_y^3}{12} \right) \\
&= \frac{m(l_x^2 + l_y^2)}{12}
\end{aligned} \qquad (9.7)$$

となる。ただし，面密度を $\rho = m/(l_x l_y)$ として計算している。

9.5 円弧に囲まれた一様な図形（扇形，足部）

図 9.3 に示すような同心円弧に囲まれた一様な図形（扇形）を考える。円弧の中心が原点となるように図形の円弧部分を xy 平面に置く（図 (a)）。また，足部の形状を意識しやすいように鉛直下向きを x 軸としている点に注意する。円弧部分は x 軸をゼロとして θ までであり，外側の円弧半径を a，内側の円弧半径を b とする。図形は十分薄いと仮定する。したがって，面密度は $\rho = 2m/\{(a^2 - b^2)\theta\}$ である。

まず，円弧中心（原点）を回転中心として z 軸まわりに回転させた場合の慣性モーメントを導出する。一様な円板（9.3 節）と同様に，回転中心から微小質量 dm までの距離が r で面積が $dr \cdot r d\theta$ となり，それぞれの積分変数の積分区間が $r : a \to b$，$\theta : 0 \to \theta$ であるので，式 (7.12) より

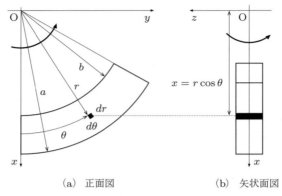

(a) 正面図　　　　(b) 矢状面図

図 **9.3** 足部の慣性モーメント

$$I_z = \rho \int_0^\theta \int_b^a r^2 dr \cdot r d\theta$$
$$= \rho \frac{\theta(a^4 - b^4)}{4}$$
$$= \frac{m(a^2 + b^2)}{2} \tag{9.8}$$

となる。

つぎに y 軸まわりの慣性モーメントについて考える。原点から微小部分までの x 軸方向の距離が回転半径となる（図 9.3 (b)）ことから[†]

$$I_y = \rho \int_b^a \int_0^\theta x^2 r dr \cdot d\theta$$
$$= \rho \int_b^a \int_0^\theta (r\cos\theta)^2 r dr \cdot d\theta$$
$$= \rho \frac{a^4 - b^4}{16} \int_0^\theta \frac{\cos 2\theta + 1}{2} d\theta$$
$$= \rho \frac{a^4 - b^4}{16} (\sin 2\theta + 2\theta)$$
$$= \frac{m(a^2 + b^2)(\sin 2\theta + 2\theta)}{8\theta} \tag{9.9}$$

となる。

[†] 図 9.3 (b) では図形の z 方向に厚みがあるが，十分薄いと仮定している。

例題 この図形の重心まわりの慣性モーメント I_G^y と I_G^z を計算せよ。

【解答】 y 軸および z 軸に平行な回転中心から重心までの距離をそれぞれ d_y, d_z とすると平行軸の定理から

$$I_G^y = I_y + md_y^2, \quad I_G^z = I_z + md_z^2 \tag{9.10}$$

となる。 $\diamondsuit$

9.6 歩行機全体の慣性モーメント

最後に，歩行機全体の慣性モーメントを導出する。歩行機の慣性モーメントは，歩行機全体の回転中心 C_L まわりと遊脚の股関節 C_h まわりの慣性モーメントを求めることとなる。

9.6.1 歩行機全体の回転中心 C_L まわりの慣性モーメント

ここで，以降の計算を円滑に行うために，8.2 節で合成重心を導出したときに用いた図 8.3 をあらためて図 **9.4** に示す。

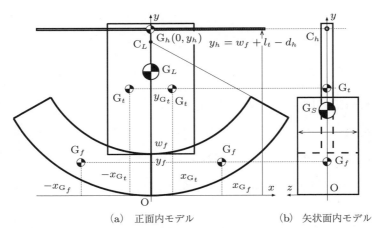

(a) 正面内モデル   (b) 矢状面内モデル

図 **9.4** 歩行機の合成重心位置と回転中心

まず，正面内で歩行機全体の重心位置 G_L（図 9.4 (a)）における z 軸まわりの総慣性モーメント $I_{G_L}^z$ を導出する．ステンレス軸（股関節軸）の重心位置 G_h における z 軸まわりの慣性モーメントは式 (9.5) から次式で表される．

$$I_{G_h}^z = \frac{m_h l_h^2}{12} \tag{9.11}$$

腿部の重心位置 G_t における z 軸まわりの慣性モーメントは式 (9.7) から

$$I_{G_t}^z = \frac{m_t(l_t^2 + w_t^2)}{12} \tag{9.12}$$

である．足部の重心位置 G_f における z 軸まわりの慣性モーメント $I_{G_f}^z$ は G_f から回転中心 C_L までの位置ベクトルを $\boldsymbol{r}_{G_f C_L}$ とすると

$$I_{G_f}^z = {}_f I_{C_L}^z - m_f \boldsymbol{r}_{G_f C_L}^2 \tag{9.13}$$

で与えられる．ただし，${}_f I_{C_L}^z$ は足部の円弧中心における z 軸まわりの慣性モーメントで式 (9.8) から

$$_f I_{C_L}^z = \frac{m_f \{R^2 + (R - w_f)^2\}}{2} \tag{9.14}$$

である．ここで，全重心位置 G_L から G_h, G_t, G_f までの位置ベクトルをそれぞれ $\boldsymbol{r}_{G_L G_h}$, $\boldsymbol{r}_{G_L G_t}$, $\boldsymbol{r}_{G_L G_f}$ とすると $I_{G_L}^z$ は

$$\begin{aligned}I_{G_L}^z = {} & I_{G_h}^z + m_h \boldsymbol{r}_{G_L G_h}^2 \\ & + 2(I_{G_t}^z + m_t \boldsymbol{r}_{G_L G_t}^2) + 2(I_{G_f}^z + m_f \boldsymbol{r}_{G_L G_f}^2)\end{aligned} \tag{9.15}$$

と計算される．ただし次式となる[†]．

$$\boldsymbol{r}_{G_L G_h}^2 = (\boldsymbol{r}_{G_L} - \boldsymbol{r}_{G_h})^2 = (y_{G_L} - y_{G_h})^2 \tag{9.16}$$

$$\boldsymbol{r}_{G_L G_t}^2 = (\boldsymbol{r}_{G_L} - \boldsymbol{r}_{G_t})^2 = x_{G_t}^2 + (y_{G_L} - y_{G_t})^2 \tag{9.17}$$

$$\begin{aligned}\boldsymbol{r}_{G_L G_f}^2 & = (\boldsymbol{r}_{G_L} - \boldsymbol{r}_{G_f})^2 = \{\boldsymbol{r}_{G_L} - (\boldsymbol{r}_{C_L} + \boldsymbol{r}_{C_L G_f})\}^2 \\ & = x_{C_L G_f}^2 + (y_{G_L} - R - y_{C_L G_f})^2\end{aligned} \tag{9.18}$$

[†] それぞれの位置ベクトルにおける x, y 成分は 8 章参照．y_{G_L} は式 (8.15)，y_{G_h} は式 (8.7)，y_{G_t} は式 (8.8)，$x_{C_L G_f}$ と $y_{C_L G_f}$ は式 (8.13) を参照．$y_{G_f} = R + y_{C_L G_f}$ である．

9.6.2 遊脚の股関節 C_h まわりの慣性モーメント

矢状面内において腿部と足部の重心位置 G_t, G_f における x 軸まわりの慣性モーメント $I^x_{G_t}$, $I^x_{G_f}$ は，それぞれ式 (9.7) と平行軸の定理から

$$I^x_{G_t} = \frac{m_t(l_t^2 + d_t^2)}{12} \tag{9.19}$$

$$I^x_{G_f} = {_fI^x_{C_L}} - m_f(R - y_{G_f})^2 \tag{9.20}$$

となる。ただし，${_fI^x_{C_L}}$ は足部の円弧中心 C_L における x 軸まわりの慣性モーメントで式 (9.9) より

$$_fI^x_{C_L} = \frac{m_f\{R^2 + (R - w_f)^2\}(\sin 2\theta_f + 2\theta_f)}{8\theta_f} \tag{9.21}$$

である。したがって，ステンレス棒（股関節）C_h（x 軸に平行）まわりの遊脚の慣性モーメント $I^x_{C_h}$ は

$$I^x_{C_h} = I^x_{G_t} + m_t(y_{G_t} - y_{G_h})^2 + I^x_{G_f} + m_f(y_{G_f} - y_{G_h})^2 \tag{9.22}$$

となる†。

---

† 各位置ベクトルの x, y 成分は 8 章参照。

10 歩行機の運動解析

5 章で得られた矢状面内と正面内における歩行機の線形モデルである式 (5.6) と式 (5.20) は変数の表記が異なるだけで式としてはまったく同じものであり，しかも線形化された振り子の運動方程式と同じである．そこで，本章では歩行機の運動を解析するための運動方程式（数理モデル）として次式の線形システム（線形常微分方程式）を取り扱うことにする．

$$\ddot{q}(t) = -\lambda^2 q(t) \tag{10.1}$$

また，遊脚に粘性抵抗が加わる場合のモデルである

$$\ddot{q}(t) + 2\zeta\lambda\dot{q}(t) + \lambda^2 q(t) = 0 \tag{10.2}$$

についても遊脚の運動を詳細に解析するために取り扱う．

以降，この線形常微分方程式の解を求め，位相図を描くことで運動解析を行う．

10.1 ラプラス変換

まず，線形システムである微分方程式を解くための準備を行う．微分方程式はさまざまな解法があるが，本書ではこれを解くためにラプラス変換[†]を導入する．

[†] ラプラス変換はフーリエ変換を拡張したもので，詳細についてはフーリエ解析や応用数学の教科書を参考にしていただきたい．

定義 10.1　ラプラス変換

　ある関数 $f(t)$ に対してラプラス変換は $\mathcal{L}[f(t)]$ と書き，次式で定義される。

$$F(s) = \mathcal{L}[f(t)] = \int_0^\infty f(t)e^{-st}dt \tag{10.3}$$

s は複素変数で，習慣として $f(t)$ のラプラス変換した結果を $F(s)$ と書く。ただし，$f(t)$ は指数位，つまり次式

$$\int_0^\infty |f(t)|e^{-at}dt < \infty \tag{10.4}$$

を満たすある実数 a が存在する必要がある。

　ここで，$f(t)$ の微分のラプラス変換 $\mathcal{L}[\dot{f}(t)]$ を計算すると

$$\begin{aligned}
\mathcal{L}[\dot{f}(t)] &= \int_0^\infty \dot{f}(t)e^{-st}dt \\
&= [f(t)e^{-st}]_0^\infty - (-s)\int_0^\infty f(t)e^{-st}dt \\
&= s\mathcal{L}[f(t)] + \lim_{t\to\infty} f(t)e^{-st} - f(0) \\
&= s\mathcal{L}[f(t)] - f(0) = sF(s) - f(0)
\end{aligned} \tag{10.5}$$

となる。2 行目の変形は部分積分による。また，3 行目の $\lim_{t\to\infty} f(t)e^{-st}$ は $f(t)$ が指数位であることを仮定しているためゼロとなる。$f(0)$ は $t=0$ における $f(t)$ の値であるので，$f(t)$ の初期値とも呼ばれる。さらに，2 階微分 $\ddot{f}(t)$ は 1 階微分 $\dot{f}(t)$ の 1 階微分なので

$$\begin{aligned}
\mathcal{L}[\ddot{f}(t)] &= s\mathcal{L}[\dot{f}(t)] - f(0) = s^2\mathcal{L}[f(t)] - sf(0) - \dot{f}(0) \\
&= s^2 F(s) - sf(0) - \dot{f}(0)
\end{aligned} \tag{10.6}$$

となる。$\dot{f}(0)$ は $t=0$ における $f(t)$ の微分係数であるので，$f(t)$ の初期速度とも呼ぶ。

　さらに，次節以降で用いる基本的な関数のラプラス変換を以下に示す。

$$e^{-at} \quad \underset{\mathcal{L}^{-1}}{\overset{\mathcal{L}}{\rightleftarrows}} \quad \frac{1}{s+a} \tag{10.7}$$

$$\sin \lambda t \quad \underset{\mathcal{L}^{-1}}{\overset{\mathcal{L}}{\rightleftarrows}} \quad \frac{\lambda}{s^2 + \lambda^2} \tag{10.8}$$

$$\cos \lambda t \quad \underset{\mathcal{L}^{-1}}{\overset{\mathcal{L}}{\rightleftarrows}} \quad \frac{s}{s^2 + \lambda^2} \tag{10.9}$$

$$e^{-at} \sin \lambda t \quad \underset{\mathcal{L}^{-1}}{\overset{\mathcal{L}}{\rightleftarrows}} \quad \frac{\lambda}{(s+a)^2 + \lambda^2} \tag{10.10}$$

ただし，a と λ は実定数である．

課題 10.1 $\mathcal{L}[e^{-at}]$, $\mathcal{L}[\sin \lambda t]$, $\mathcal{L}[\cos \lambda t]$, $\mathcal{L}[e^{-at} \sin \lambda t]$ を計算せよ．

【補足】 ラプラス変換の教科書を参照のこと． ◇

10.2 線形システムの解

つぎに，線形システムである微分方程式の初期値問題を考える．

10.2.1 粘性抵抗を持たない場合

まず，粘性項を持たない式 (10.1) に初期値を与えて解くことを考える．以下に式 (10.1) をあらためて記述する．

$$\ddot{q}(t) = -\lambda^2 q(t) \tag{10.11}$$

初期値を $q(0) = q_0$, $\dot{q}(0) = \omega_0$ とし，$q(t)$ のラプラス変換を $\mathcal{L}[q(t)] = Q(s)$ と置くと，$\mathcal{L}[\ddot{q}(t)]$ は式 (10.6) から

$$\mathcal{L}[\ddot{q}(t)] = s^2 Q(s) - sq(0) - \dot{q}(0) \tag{10.12}$$

である．したがって，式 (10.11) をラプラス変換すると

$$s^2 Q(s) - sq_0 - \omega_0 = -\lambda^2 Q(s) \tag{10.13}$$

となる．さらにこれを整理すると

コーヒーブレイク

有理関数のラプラス逆変換

基本的な関数のラプラス変換を示す式 (10.7) 〜式 (10.10) に記述されている右から左向きの変換 $\mathcal{L}^{-1}$ はラプラス逆変換を表している。ラプラス変換に関する教科書をみれば逆変換の式は複素積分を含む形で与えられているのだが，任意の複素関数のラプラス逆変換を求ようとした場合，必ずしもこの計算が可能とは限らない。たとえ逆変換できたとしても，その計算にはそれなりに手間がかかる。しかし，前述の基本的なラプラス変換結果（右側の式）をよく見ると，分子が複素変数 s の高々1次の多項式で分母は高々2次である。こういった分母分子が多項式で表される関数を有理関数という。一般的には分母を n 次，分子を m 次多項式として

$$F(s) = \frac{b_n s^m + \cdots + b_1 s + b_0}{s^n + a_{n-1} s^{n-1} + \cdots + a_1 s + a_0} \quad (n \geq m) \tag{1}$$

と表される。「有理」というのは有理数が必ず分数で表現できることを思い出せば，多項式の分数的な関数というイメージに対応する。

この分母多項式 $= 0$ とした方程式の n 個の解 p_i $(i = 1, \cdots, n)$ が得られると，次式のように分母を因数分解した表現にすることができる。

$$F(s) = \frac{b_n s^m + \cdots + b_1 s + b_0}{(s - p_1)(s - p_2) \cdots (s - p_n)} \tag{2}$$

さらに，この因数分解された $s - p_i$ を分母とする有理関数の和として

$$F(s) = \frac{c_1}{s - p_1} + \frac{c_2}{s - p_2} + \cdots + \frac{c_n}{s - p_n} = \sum_{i=1}^{n} \frac{c_i}{s - p_i} \tag{3}$$

と展開することができるのである。これは部分分数展開またはヘビサイド展開と呼ばれる。s の有理関数が $c_i/(s - p_i)$ の和で表現されるのであれば，式 (10.7) を右から左に適用すれば時間関数 $c_i e^{p_i t}$ が容易に得られる。ただし，この結果は解 p_i がすべて異なる場合に限られる。重解を持つ場合については他のラプラス変換を取り扱う教科書を参照してもらいたい。

以上の結果をうまく使うと，ある複素関数が複素変数 s の有理関数として表されるとき，基本的なラプラス変換の結果を逆方向に利用（逆変換）することで，複素積分を含むラプラス逆変換の定義式を使わなくてももとの時間関数が得られるのである。

$$Q(s) = \frac{sq_0 + \omega_0}{s^2 + \lambda^2} = q_0 \frac{s}{s^2 + \lambda^2} + \frac{\omega_0}{\lambda} \frac{\lambda}{s^2 + \lambda^2} \tag{10.14}$$

となる．この式を式 (10.8) と式 (10.9) を使ってラプラス逆変換すると，遊脚の回転角度 $q(t)$ が次式のように得られる．

$$\mathcal{L}^{-1}[Q(s)] = q(t) = q_0 \cos \lambda t + \frac{\omega_0}{\lambda} \sin \lambda t \tag{10.15}$$

図 **10.1** に固有振動数 $\lambda = 1$，初期値 $q_0 = 0.1\,\mathrm{rad}$，$\omega_0 = 0.2\,\mathrm{rad/s}$ とした場合の振り子の角度 $q(t)$ を示す．この図からわかるように，振り子は初期角度 $q_0 = 0.1$ から外側に振れ，その後一定の振幅で振動を続けていることがわかる．また，式 (10.15) からもわかるように単振動となっている．

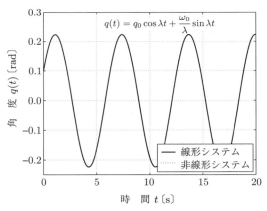

図 **10.1** 振り子の運動（粘性抵抗を持たない場合）

ちなみに，図 10.1 にはもとの非線形運動方程式 (7.20) として表現される非線形システムをルンゲ・クッタ法で数値解を求めた結果も点線でプロットしているのだが，ほぼ重なっているため確認できない．したがって，歩行機の遊脚と左右への転がり振動を表す非線形システムは，振幅が小さい場合に限り，線形化された運動方程式と同様に単振動となることがわかる．

例題 10.1　線形運動方程式の解

初期値を $q(0) = 1, \dot{q}(0) = 0$ として式 (5.6) を解け．

【解答】 式 (5.6) をあらためてつぎに示す。

$$\ddot{q}_S(t) = -\lambda_S^2 q_S(t) \tag{10.16}$$

ここで，$q_S(t)$ をラプラス変換したものを $Q_S(s)$ とし，与えられた初期条件を用いて両辺をラプラス変換すると

$$s^2 Q_S(s) - s = -\lambda_S^2 Q_S(s) \tag{10.17}$$

$$Q_S(s) = \frac{s}{s^2 + \lambda_S^2} \tag{10.18}$$

式 (10.9) を用いてラプラス逆変換すると

$$\mathcal{L}^{-1}[Q_S(s)] = q_S(t) = \cos \lambda_S t \tag{10.19}$$

となる[†]。 ◇

10.2.2 粘性抵抗を持つ場合

粘性項を持つ場合である式 (10.2) は解が煩雑になるため，簡単な初期値として $q(0) = 0$，$\dot{q}(0) = \sqrt{1-\zeta^2}\lambda$ を与えた場合について考える。以下にあらためて式 (10.2) を示す。

$$\ddot{q}(t) + 2\zeta\lambda\dot{q}(t) + \lambda^2 q(t) = 0 \tag{10.20}$$

粘性抵抗を持たない場合と同様に，$\mathcal{L}[\dot{q}(t)]$ は式 (10.5) から

$$\mathcal{L}[\dot{q}(t)] = sQ(s) - q(0) \tag{10.21}$$

となるので，式 (10.20) をラプラス変換すると

$$s^2 Q(s) - \sqrt{1-\zeta^2}\lambda + 2\zeta\lambda s Q(s) + \lambda^2 Q(s) = 0 \tag{10.22}$$

が得られる。これを整理すると

$$Q(s) = \frac{\sqrt{1-\zeta^2}\lambda}{s^2 + 2\zeta\lambda s + \lambda^2} = \frac{\sqrt{1-\zeta^2}\lambda}{(s+\zeta\lambda)^2 + (1-\zeta^2)\lambda^2} \tag{10.23}$$

となる。ここで，粘性抵抗が小さく $\zeta < 1$ となるものと仮定し，式 (10.10) を参考に両辺をラプラス逆変換することで

[†] 課題 10.1 にある $\cos \lambda t$ のラプラス変換を求めてみるとよい。

$$q(t) = e^{-\zeta \lambda t} \sin\left(\sqrt{1-\zeta^2}\lambda t\right) \tag{10.24}$$

と解 $q(t)$ が得られる．図 **10.2** に $\zeta = 0.1$ としたときの振り子の角度を示す．この図からわかるように，振動するとともに，振幅が減衰している様子が確認できる．このときの固有振動数は式 (10.24) から $\sqrt{1-\zeta^2}\lambda$ となり，粘性抵抗を持たない場合より小さくなることがわかる．歩行機の遊脚にあてはめて考えてみると，股関節の粘性抵抗や空気抵抗によって振幅が徐々に小さくなるとともに，振動が遅くなることを意味している．

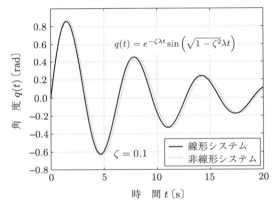

図 **10.2** 振り子の運動（粘性抵抗を持つ場合）

また，もとの非線形システム（式 (7.23)）の解を点線でプロットしているが，最初の振幅が 0.9 rad 近くと比較的大きくなっているため，線形化された運動方程式の解とずれていることが確認できる．しかし，ずれは小さく，全体的な振動の様子は同じような傾向を示すため線形化して解析する意義は十分あるといえる．

課題 10.2　粘性項を持つ場合における運動方程式の解

初期値 $q(0) = 0$，$\dot{q}(0) = 1$ として $\zeta = 1$ の場合と $\zeta > 1$ の場合について，粘性項を持つ線形運動方程式 (10.2) を解け．

【補足】 微分方程式や力学の教科書を参照のこと．　　　　　　　　　　◇

10.3 位相図

ここでは振り子の運動を解析するために位相図を導入する。位相図は相図とも呼ばれ，横軸に位置（振り子の場合は角度），縦軸に速度（振り子では角速度）をとってグラフを描いたものである。

10.3.1 線形システムの位相図

まず，$\omega(t) = \dot{q}(t)$ とし，式 (10.15) に基づいて計算をすると

$$\lambda^2 \cdot q(t)^2 + \omega(t)^2 = \lambda^2 \cdot q_0^2 + \omega_0^2 \tag{10.25}$$

$$\frac{q(t)^2}{a^2} + \frac{\omega(t)^2}{b^2} = 1 \tag{10.26}$$

となる。ただし

$$a = \sqrt{q_0^2 + \frac{\omega_0^2}{\lambda^2}}, \quad b = \sqrt{\lambda^2 \cdot q_0^2 + \omega_0^2} \tag{10.27}$$

である。この式を見るとわかるように，粘性項を持たない線形システムの位相図は横軸の径が a で，縦軸の径が b の楕円となる。この結果を用いて**図 10.3** (a) に 10.2.1 項の図 10.1 と同じ条件で描いた位相図を示す。実線が横軸を角度 $q(t)$，縦軸を角速度 $\omega(t)$ としてプロットした位相図である。この位相図の描かれた平面を位相平面という。＋印は初期値を表し，矢印は位相平面上の各点における運動の方向と大きさを表すベクトル（速度）場を表している。

また，初期値から出発したグラフは楕円（この場合は円）を時計まわりに描き続ける。楕円の横方向の半径が振り子の振幅を表す。別の初期値から出発するとその運動の初期エネルギーの大きさに合わせて楕円の大きさを変える。

図 (b) は粘性抵抗を持つ場合の位相図で，初期条件は 10.2.2 項と同じである。また，図 (a) と同様に，＋印は初期値を表し，矢印はベクトル場を表す。この図からわかるように初期値から出発したグラフは螺旋を描きながら原点に収束している。

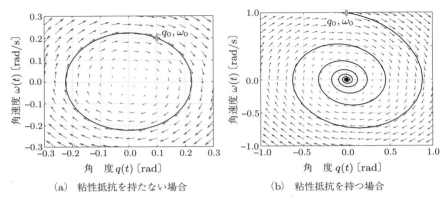

(a) 粘性抵抗を持たない場合　　(b) 粘性抵抗を持つ場合

図 **10.3** 位相図とベクトル場

10.3.2 非線形システムの位相図

つぎに，もとの非線形システム

$$\ddot{q} = -\lambda^2 \sin q \tag{10.28}$$

の位相図を考える．ここで，この非線形微分方程式を位相平面上のグラフとして解を得るために $x_1 = q$, $x_2 = \dot{q}$ とすると

$$\left.\begin{aligned}\frac{dx_1}{dt} &= \dot{q} = x_2 \\ \frac{dx_2}{dt} &= \ddot{q} = -\lambda^2 \sin q = -\lambda \sin x_1\end{aligned}\right\} \tag{10.29}$$

$$\left.\begin{aligned}dx_1 &= x_2 dt \\ dx_2 &= -\lambda^2 \sin x_1 dt\end{aligned}\right\} \tag{10.30}$$

となる．式 (10.30) の 1 行目より $dt = \dfrac{1}{x_2} dx_1$ なので，これを式 (10.30) の 2 行目に代入すると

$$dx_2 = -\lambda^2 \sin x_1 \cdot \frac{1}{x_2} dx_1 \tag{10.31}$$

$$x_2 \, dx_2 = -\lambda^2 \sin x_1 \, dx_1 \tag{10.32}$$

$$\int_{\omega_0}^{\omega} x_2 \, dx_2 = -\int_{q_0}^{q} \lambda^2 \sin x_1 \, dx_1 \tag{10.33}$$

$$\frac{1}{2}(\omega^2 - \omega_0^2) = \lambda^2 \left(\cos q - \cos q_0\right) \tag{10.34}$$

が得られる．したがって，角度 q に対して角速度 ω が

$$\omega = \pm\sqrt{\omega_0^2 - 2\lambda^2 \left(\cos q_0 - \cos q\right)} \tag{10.35}$$

で与えられる．ただし，ルート内はゼロ以上とする．

図 10.4 にいくつかの初期条件に対する位相図とベクトル場を示す．この図の原点近傍における最小の楕円は前項の図 10.3 (a) の楕円と同じ条件のグラフである．非線形システムは角度 q のすべての範囲，つまり，$-\pi < q \leq \pi$ の範囲で有効である．したがって，この図はこの範囲で同じグラフが周期的に繰り返される．

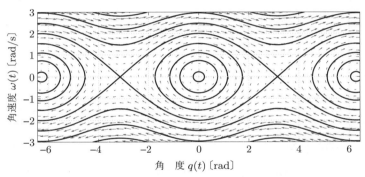

図 10.4 非線形システムの位相図とベクトル場

まず，原点近傍の運動であるが，線形システムと同様に楕円が描けることから，振り子（歩行機）は一定の振幅で振動を繰り返していることがわかる．また，原点近傍に限り線形システムとほぼ一致し，同じ単振動となることも確認できる．

初期条件 $\omega_0 = 0$ は横軸上の点となる．楕円が大きくなる初期値は，振り子の初期角度が大きいことを意味する．つまり，振り子を大きく傾けて手を離すと大きな振幅で振動し続ける．しかし，摩擦がないために減衰せず，振幅は一定で，増えることもない．

初期条件が $q_0 = \pi$, $\omega_0 = 0$ となるとき，つまり振り子が倒立している状態で

手を離すと，理論的にはその姿勢で振り子は静止する．この点を通過するグラフはセパラトリクスと呼ばれる．角度や速度がこの初期値から少しでもずれていると振り子は倒れ始める．現実の世界では，振り子の回転関節に大きなクーロン摩擦が作用するような状況でない限り，この倒立した姿勢で静止することはできない．

$q_0 = \pi$ で $\omega_0 > 0$ となると振り子はぐるぐる回転し続ける．位相図ではセパラトリクスの上下に描かれた波線に対応し，上の線が時計まわり，下の線が反時計まわりの回転を表す．回転速度は脈動しているがどんどん加速するようなことはない．これは，基本的に振り子の全エネルギー（ポテンシャルエネルギー＋運動エネルギー）が保存される（一定となる）からである．

10.4 安　定　性

前節で述べた振り子の運動について，安定性の概念を導入してさらに詳しく解析する．

10.4.1 平　衡　点

10.3.2項で述べた原点 $q = 0$，$\omega = 0$ と振り子が倒立して静止する点 $q = \pi$，$\omega = 0$ を平衡点と呼ぶ．

定義 10.2 一般に，速度と加速度をゼロとしたときにその姿勢に留まり続けることができる点を平衡点という．

例えば，山の頂上や谷底，水平面なども平衡点（もしくは平衡点の集合）である．もう一度，歩行機の運動を表す非線形システムを考える．

$$\ddot{q} = -\lambda^2 \sin q \tag{10.36}$$

この場合，平衡点は速度と加速度をゼロとしたときの角度であるので，$-\pi <$

$q \leq \pi$ の範囲で $q_e = 0, \pi^\dagger$ となる。

10.4.2 平衡点近傍における線形近似システム

7.3.3 項で述べた原点 $q_e = 0$ における線形システム（式 (10.1)）は位相平面で楕円を描く（図 10.3 (a) 参照）。では，もう一つの平衡点である $q_e = \pi$ における線形システムはどのような運動になるのだろうか。

まず，非線形項である $\sin q$ を $q = \pi$ でテイラー展開（式 (7.25)）すると

$$\sin q = \cos(\pi)(q-\pi) - \frac{1}{3!}\cos(\pi)(q-\pi)^3 + \frac{1}{5!}\cos(\pi)(q-\pi)^5 - \cdots$$
$$= -(q-\pi) + \frac{1}{3!}(q-\pi)^3 - \frac{1}{5!}(q-\pi)^5 + \cdots \tag{10.37}$$

となる。したがって，1 次項まで用いて非線形システムを線形近似すると

$$\ddot{q} = \lambda^2(q-\pi) \tag{10.38}$$

となる。ここで $\phi = q - \pi$ と置くと

$$\ddot{\phi} = \lambda^2 \phi \tag{10.39}$$

となる。したがって，初期値を $\phi(0) = \phi_0$, $\dot{\phi}(0) = \omega_0$ としてこれを解くと

$$\phi(t) = \frac{\lambda\phi_0 - \omega_0}{2\lambda}e^{-\lambda t} + \frac{\lambda\phi_0 + \omega_0}{2\lambda}e^{\lambda t} \tag{10.40}$$

$\phi(t)$ の時間微分 $\dot{\phi}(t)$ を用いて式を整理すると

$$\lambda^2 \phi^2(t) - \omega(t)^2 = \lambda^2 \phi_0^2 - \omega_0^2 \tag{10.41}$$

が得られる。さらにこれを変形すると

$$\frac{\lambda^2}{\lambda^2 \phi_0^2 - \omega_0^2}\phi^2(t) - \frac{1}{\lambda^2 \phi_0^2 - \omega_0^2}\omega^2(t) = 1 \tag{10.42}$$

となることから，このシステムの位相図は $\omega(t) = \pm\lambda\phi(t)$ をセパラトリクス（この場合は漸近線）とする双曲線となることがわかる。これをもとの変数 $q(t)$ を用いて表すと

---

† q_e の右下添え字 e は平衡点（equilibrium）を表すものとする。

$$\frac{\lambda^2}{\lambda^2(q_0-\pi)^2-\omega_0^2}\{q(t)-\pi\}^2 - \frac{1}{\lambda^2(q_0-\pi)^2-\omega_0^2}\omega^2(t) = 1 \tag{10.43}$$

である。図 **10.5** に $q=\pi$ 近傍の位相図とベクトル場を示す。グラフはいくつかの初期状態から計算された軌跡からなる。左右の双曲線は振り子が倒立し（倒立振子という），少し傾いた状態から鉛直姿勢に向けて回転し，初速 ω_0（初期の運動エネルギー $\frac{1}{2}I\omega_0^2$）が十分でないため，鉛直姿勢（$q=\pi$，ポテンシャルエネルギーが最高の地点）に到達することなくもとの姿勢に逆戻りし，さらにその点も通過してどんどん加速しながら回転し続けることを表している。上下の双曲線は，初速が十分大きいため鉛直姿勢を越えて反対側に到達し，やはり，さらに加速しながら回転し続けることを意味している。

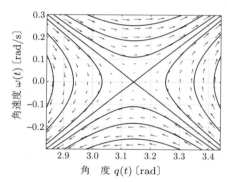

図 **10.5** $q=\pi$ における線形システムの位相図とベクトル場

実際の振り子の運動は，摩擦がない場合であっても回転速度が加速し続けることはない（図 10.4 参照）。加速し続けるのは平衡点 $q_e=\pi$ で線形近似しているために，q が π から離れるともとのシステムの挙動とは異なるためである。

例題 10.2 式 (10.41) を導出せよ。

【解答】 式 (10.40) の両辺を時間 t で微分すると次式となる。

$$\dot{\phi}(t) = \omega(t) = -\frac{\lambda\phi_0-\omega_0}{2}e^{-\lambda t} + \frac{\lambda\phi_0+\omega_0}{2}e^{\lambda t} \tag{10.44}$$

式 (10.40) に λ を掛けて式 (10.44) を引くと

$$
\begin{array}{rl}
\lambda\phi(t) = & \dfrac{\lambda\phi_0-\omega_0}{2}e^{-\lambda t}+\dfrac{\lambda\phi_0+\omega_0}{2}e^{\lambda t} \\
-)\quad \omega(t) = & -\dfrac{\lambda\phi_0-\omega_0}{2}e^{-\lambda t}+\dfrac{\lambda\phi_0+\omega_0}{2}e^{\lambda t} \\
\hline
\lambda\phi(t)-\omega(t) = & (\lambda\phi_0-\omega_0)e^{-\lambda t}
\end{array}
$$

式 (10.40) に λ を掛けて式 (10.44) を足すと次式となる。

$$\lambda\phi(t)+\omega(t)=(\lambda\phi_0+\omega_0)e^{\lambda t} \tag{10.45}$$

得られた二つの式から $e^{-\lambda t}=1/e^{\lambda t}$ であることに注意しながら $e^{\lambda t}$ を消去すると式 (10.41) が得られる。   ◇

10.4.3 安　定　性

さて，平衡点 $q_e=0$ まわりの線形システム（式 (10.1)）は，平衡点から離れたどの初期値から出発しても必ず楕円軌道をとる。つまり，平衡点から離れていくことはない。このように，平衡点から離れた初期値から出発しても平衡点の近傍にとどまるシステムを安定なシステムと呼ぶ。もしくは，このシステムの平衡点 $q_e=0$ は安定であるという。さらに，粘性抵抗を持つシステム（式 (10.2)）は，どのような初期値をとっても，時間の経過とともに平衡点に徐々に近づき，やがて平衡点に一致する。このようなシステムを漸近安定なシステムと呼ぶ。もしくはこのシステムの平衡点は漸近安定であるという。

逆に，平衡点 $q_e=\pi$ まわりの線形システム（式 (10.38)）は，平衡点からほんの少しでも離れた場所から出発すると，双曲線に沿ってどんどん平衡点から遠ざかる軌道を描く。このようなシステムを不安定システム，もしくはこの平衡点 $q_e=\pi$ は不安定という。

さらに，線形システムが漸近安定であるための条件は，そのシステムのすべての固有値の実数部分が負となることである。線形システム（式 (10.2)）の固有値は $0\leq\zeta<1$ のとき $-\lambda\zeta\pm\lambda\sqrt{\zeta^2-1}j$ であり[†]固有値の実部は $-\lambda\zeta$ となる。したがって，$\lambda\zeta>0$ であれば平衡点が安定となることがわかる。これまでの議論から，λ は式 (7.21) で与えられ，ζ は式 (7.24) で与えられる。質量，慣性

[†] j は虚数単位で $j^2=-1$ である。

モーメント，振り子の重心位置，粘性係数，重力加速度はつねに正の値をとるので，λ, ζ ともに正となることから平衡点 $q_e = 0$ は安定平衡点である。

平衡点 $q_e = \pi$ まわりの線形近似システム（式 (10.38)）は，固有値が $\pm\lambda$ となり，λ がゼロ以外のどのような実数をとっても必ずどちらか一方の固有値が正となるため，不安定なシステムであることがわかる。

10.4.4 歩行機の安定性

さて，本節の最後に歩行機の安定性について考えてみる。まず，矢状面内における遊脚の運動方程式は，これまでの議論から原点近傍で線形化すると式 (10.1) と同じシステムになることが示されている。この場合，粘性抵抗を持たないため，システムは安定となるが漸近安定ではない。しかし，実際には抵抗が存在するため，遊脚は漸近安定なシステムとなる。つまり，平衡点である鉛直下方にぶら下がった姿勢に振動しながら減衰する。歩行させるためには遊脚が抵抗なくスムーズに振動する必要があることは簡単に想像がつく。したがって，減衰する要因である股関節の抵抗はなるべく小さくする必要がある。

一方，正面内における歩行機全体の運動方程式も，やはり原点近傍で線形化すると式 (10.1) と同じシステムになることが示されている。この場合，固有値 λ_L は

$$\lambda_L = \sqrt{\frac{Mgr}{I_{G_L}^z + M(R-r)^2}} \tag{10.46}$$

となる。ここで r は足底円弧の中心 C_L と歩行機全体の重心 G_L 間の距離で，**図 10.6** (a) に示すように C_L が G_L より上にあれば $r > 0$ となるため，式 (10.1) と同じ安定なシステムとなる。

しかし，図 (b) のように足部の円弧半径が小さい，または重心位置が高い場合は位置が逆転する。この場合，$r < 0$ となるため線形化された運動方程式は

$$\ddot{q}_L(t) = \lambda_L^2 q_L(t) \tag{10.47}$$

となり，不安定なシステムであることがわかる。実際の歩行機は直立姿勢を維

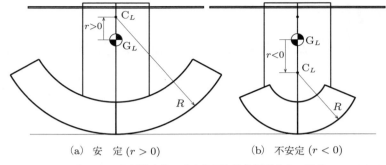

(a) 安　定 ($r > 0$)　　　(b) 不安定 ($r < 0$)

図 **10.6**　歩行機全体の重心位置と足底円弧中心の関係

持できず，左右いずれかの方向に転倒することになる。したがって，歩行機全体の重心は必ず足部の円弧中心よりも下に来るように設計することが求められる。

ただし，この安定性は歩行の安定性ではなく，遊脚の姿勢と歩行機の直立姿勢が維持できるかどうかという意味しか表していないことに注意する必要がある。歩行の安定性は，周期運動の軌道が安定であるということを示す必要があり，ポアンカレ写像を導入して離散的なシステムとして議論することになる。この点については 11 章で簡単なリムレスホイールを例に解説する。さらにコンパスモデルのような 2 足歩行の解析のためには，背景に必要な数学的および力学的知識が多くあるため，本書では触れないことにする。McGeer の論文[18]や離散力学系の教科書[46],[47]などを参照していただきたい。

11 リムレスホイールと周期軌道の安定解析

本書の最後に受動歩行の核としてリムレスホイールの運動を解析する．プラスチック段ボール（プラダン）による受動歩行機の解析は 1 リンクの振り子としての運動解析であったため，歩行軌道の安定性を解析するものではなかった．しかし，リムレスホイールの運動解析は歩行軌道を扱うため，コンパスモデルをはじめとする 2 足モデルを用いた受動歩行軌道の安定性につながる．本書ではコンパスモデルの解析について述べないが，リムレスホイールを離散力学系として安定解析することでその初歩を味わっていただきたい．また，本章の例題や課題に関する計算は MathWorks 社の MATLAB を用いて行っているが，プログラムを付録 A.4 節に載せるとともに著者のウェブサイト[65]でも公開しているので参考にしていただきたい．

11.1　2 足歩行とリムレスホイールの運動

2 足歩行は，2 本の脚を持つ身体構造の歩行機が一方の脚（支持脚）で地面に接地しながら前方に転倒し，もう一方の脚（遊脚）を前方に振り出し，転倒してしまう前に脚先を地面に接地させることで実現される．この遊脚を支持脚に対してある角度をつけて固定すると，歩行機の回転とともに遊脚先端が地面に接地し，さらにこの遊脚先端を中心にして回転をはじめる．しかし，脚が 2 本のままだとつぎのステップで脚が前になくなり転倒してしまうので，360°を等分するように脚を複数配置すると継続的な歩行が可能となる．つまり，2 足歩行ロボットの遊脚の運動を固定したものがリムレスホイールであり，リムレス

ホイールの運動は2足歩行の核となる．図 **11.1** は4脚を持つ場合のリムレスホイールが1歩進む様子を表したものである．この4脚リムレスホイールを例として，周期的な運動としての歩行を解析する[†1]．

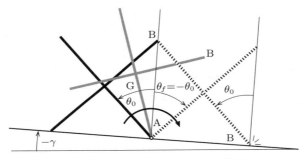

図 **11.1**　4脚リムレスホイールの運動

11.2　リムレスホイールの数理モデル

まず，リムレスホイールの数理モデルを導出する．図 **11.2**(a) に示すような質量 m，脚長 l，重心まわりの慣性モーメント I_G の4脚を持つリムレスホイールを考える．リムレスホイールは受動歩行[†2]するために傾斜 γ を持つ斜面に置かれているものとする．また，回転角度は鉛直上方が原点で反時計まわりを正とした支持脚までの絶対角度を q とし，斜面に垂直な軸を原点とした支持脚までの角度を θ とする．したがって，$\theta = q + \gamma$ である．

さらに，リムレスホイールの質量を m，重心まわりの慣性モーメントを I_G とする．図 11.1 に示したようにリムレスホイールは初期角度 $\theta = \theta_0$ において適当な初期角速度 ω_0 を与えると点 A を中心として回転しながら斜面を下り，やがてつぎの脚先 B が斜面に衝突する（図 (c)）．このとき，リムレスホイールは，図 (b) の振り子が倒立した倒立振子モデルとして表現することができる．

[†1]　n 脚モデルを考えることも可能であるが，具体的にイメージしやすくするために本書では4脚モデルを例にして議論を進める．

[†2]　この場合，受動回転と呼ぶほうがしっくりくるかもしれない．

132   11. リムレスホイールと周期軌道の安定解析

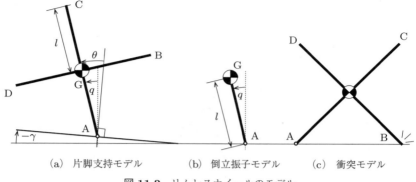

(a) 片脚支持モデル　　(b) 倒立振子モデル　　(c) 衝突モデル

図 11.2　リムレスホイールのモデル

さらに，初期角速度が十分大きければ点 B を中心に回転し，図 (c) と同様につぎの脚先点 C が斜面に衝突する。これは衝突問題として扱うことができる。図 11.3 に示すようにこの二つのモデルを繰り返しながらある一定の周期軌道に収束するかどうかを解析することになる。

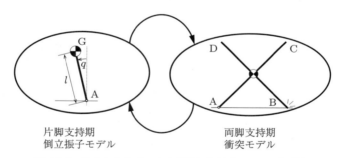

片脚支持期　　　　　両脚支持期
倒立振子モデル　　　衝突モデル

図 11.3　リムレスホイールの運動におけるモデルの切替り

11.2.1　片脚支持期：倒立振子モデル

リムレスホイールが一つの脚で支えられながら回転する期間のことを片脚支持期と呼ぶ。片脚支持期は倒立振子として図 11.2 (b) のようにモデル化できる。これは 10.4.2 項の $q_e = \pi$ を π だけ平行移動したシステム式 (10.39) と同じモデルになる。したがって，鉛直上方である原点が不安定となるため，アクチュエータなどを持たない（制御できない）リムレスホイールは転倒する。式 (10.39) と

同様に絶対姿勢の角度を q とするとリムレスホイールの片脚支持期はつぎの線形近似された運動方程式として表現できる．

$$\ddot{q} = \lambda^2 q \tag{11.1}$$

ただし，g を重力加速度として

$$\lambda^2 = \frac{mgl}{I_\mathrm{G} + ml^2} \tag{11.2}$$

である．斜面に置かれたリムレスホイールは片脚支持期において初期角度 $q(0) = q_0$，初期角速度 $\dot{q}(0) = \omega_0$ で回転をはじめる．この初期状態に対して運動方程式 (11.1) を解くと，式 (10.40) から $q(t)$ が次式となる．

$$q(t) = \frac{\lambda q_0 - \omega_0}{2\lambda} e^{-\lambda t} + \frac{\lambda q_0 + \omega_0}{2\lambda} e^{\lambda t} \tag{11.3}$$

得られた $q(t)$ は時間の経過とともに，発散する指数関数 $e^{\lambda t}$ を含むため発散する．つまり，前述したようにリムレスホイールはなにもしなければ転倒してしまう不安定なシステムである．しかし，円周上に等配分された脚を持つので，ある程度回転するとつぎの脚先が斜面に衝突するため転倒を免れる．この次脚の衝突時刻を t_f とし，衝突時の角度を q_f，角速度を ω_f とすると，式 (11.3) とその時間微分から

$$\lambda^2 q_f^2 - \omega_f^2 = \lambda^2 q_0^2 - \omega_0^2 \tag{11.4}$$

が得られる．さらに衝突時刻 t_f は解析的に

$$t_f = \frac{1}{\lambda} \log_e \frac{\lambda q_f + \omega_f}{\lambda q_0 + \omega_0} \tag{11.5}$$

として得ることができる．

11.2.2 両脚支持期：衝突問題

前項の片脚支持期の直後に斜面との衝突が発生し，これと同時に回転中心が衝突した脚先に移動（脚交換）する．このとき 2 本の脚先が斜面に接しているので両脚支持期と呼ぶ．衝突において脚先端は斜面で跳ね返らない完全非弾性

衝突を仮定する。両脚支持期における衝突問題と脚交換は瞬間的に起こるので，斜面の角度には無関係な現象である。したがって，傾斜に惑わされないように図 11.4 に示すような水平面上で考察することにする。

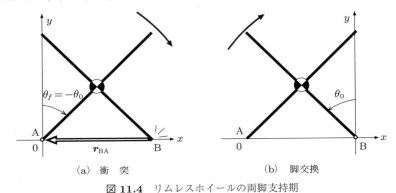

(a) 衝突　　(b) 脚交換

図 11.4　リムレスホイールの両脚支持期

まず，リムレスホイールは点 B で地面と衝突する（図 (a)）。このとき，衝突点 B まわりの角運動量が保存されるので（7.5.4 項参照），式 (7.78) より

$$L_B^+ = L_B^- \tag{11.6}$$

が成り立つ。また，片脚支持期の回転中心である点 A まわりの角運動量 L_A はリムレスホイールの点 A まわりの慣性モーメントを I_A とし角速度ベクトルを大きさ ω で紙面に垂直な z 方向のベクトルとして $\boldsymbol{\omega} = \omega \boldsymbol{z}$ を用いて表すと

$$L_A = I_A \boldsymbol{\omega} \tag{11.7}$$

となる。ただし，$\boldsymbol{z}$ は z 軸（紙面に垂直な軸）方向の単位ベクトルとする。

〔1〕　**衝突直前の点 B まわりの角運動量 L_B^-**　式 (7.75) を用いると，衝突直前の点 B まわりの角運動量 L_B^- は，点 A まわりの角運動量 L_A^- と重心の速度 v_G^- および点 B からみた点 A の位置ベクトル r_{BA} を用いて

$$L_B^- = L_A^- + m r_{BA} \times v_G^- \tag{11.8}$$

と表すことができる。リムレスホイールの回転中心 A から重心 G までの位置ベクトルを r_{AG} とし，衝突直前の重心の並進速度 v_G^- は角速度を $\boldsymbol{\omega}^-$ とすれば

$$\boldsymbol{v}_{\mathrm{G}}^{-} = \boldsymbol{\omega}^{-} \times \boldsymbol{r}_{\mathrm{AG}} \tag{11.9}$$

となる．また，衝突時の角度が $\theta_f = -\theta_0$ なので（図 11.4 (a)），位置ベクトル $\boldsymbol{r}_{\mathrm{AG}}$ はリムレスホイールの幾何学的な関係から

$$\boldsymbol{r}_{\mathrm{AG}} = -l\sin\theta_0 \cdot \boldsymbol{x} + l\cos\theta_0 \cdot \boldsymbol{y} \tag{11.10}$$

となる．ただし，$\boldsymbol{x}, \boldsymbol{y}$ はそれぞれ x 軸および y 軸方向の単位ベクトルである．したがって，重心におけるリムレスホイールの並進速度は次式で与えられる．

$$\begin{aligned}
\boldsymbol{v}_{\mathrm{G}}^{-} &= \omega^{-} \cdot \boldsymbol{z} \times (-l\sin\theta_0 \cdot \boldsymbol{x} + l\cos\theta_0 \cdot \boldsymbol{y}) \\
&= \omega^{-} l(-\sin\theta_0 \cdot \boldsymbol{z} \times \boldsymbol{x} + \cos\theta_0 \cdot \boldsymbol{z} \times \boldsymbol{y}) \\
&= -\omega^{-} l(\cos\theta_0 \cdot \boldsymbol{x} + \sin\theta_0 \boldsymbol{y})
\end{aligned} \tag{11.11}$$

さらに，位置ベクトル $\boldsymbol{r}_{\mathrm{BA}}$ は幾何学的な関係から

$$\boldsymbol{r}_{\mathrm{BA}} = 2l\sin\theta_0 \cdot \boldsymbol{x} \tag{11.12}$$

となるので，式 (11.8) の右辺第 2 項は

$$\boldsymbol{r}_{\mathrm{BA}} \times \boldsymbol{v}_{\mathrm{G}}^{-} = -2l^2\omega^{-}\sin^2\theta_0 \cdot \boldsymbol{z} \tag{11.13}$$

と計算される．したがって，最終的に衝突直前の衝突点 B まわりの角運動量 $\boldsymbol{L}_{\mathrm{B}}^{-}$ は

$$\boldsymbol{L}_{\mathrm{B}}^{-} = (I_{\mathrm{A}} - 2ml^2\sin^2\theta_0)\omega^{-} \cdot \boldsymbol{z} \tag{11.14}$$

となる．

〔2〕 **衝突直後の点 B まわりの角運動量 $\boldsymbol{L}_{\mathrm{B}}^{+}$** 衝突においてリムレスホイールの足先点 B は跳ね返らない，つまり完全非弾性衝突を仮定すると，衝突後，リムレスホイールは点 B を中心に回転する．したがって，点 B まわりのリムレスホイールの慣性モーメントを I_{B}，衝突直後の角速度ベクトルを $\boldsymbol{\omega}^{+} = \omega^{+}\boldsymbol{z}$ とすると

$$\boldsymbol{L}_{\mathrm{B}}^{+} = I_{\mathrm{B}}\boldsymbol{\omega}^{+} = I_{\mathrm{A}}\omega^{+} \cdot \boldsymbol{z} \tag{11.15}$$

となる。ただし，点 B まわりの慣性モーメントはリムレスホイールの対称構造から点 A まわりの慣性モーメントに等しい（$I_B = I_A$）ことに注意する。

〔3〕 **衝突方程式** 　衝突点 B まわりの角運動量が衝突前後で保存されること（角運動量保存則）から，式 (11.6) に式 (11.14) と式 (11.15) を代入して整理すると，衝突後の角速度 ω^+ が次式で得られる。

$$\omega^+ = \mu \omega^- \tag{11.16}$$

$$\mu = 1 - \frac{2ml^2}{I_A} \sin^2 \theta_0 \tag{11.17}$$

これがリムレスホイールの衝突方程式であり，両脚支持期を表す。

式 (11.17) において，質量 m，脚長 l，慣性モーメント I_A は必ず正の値をとる。したがって，右辺第 2 項はゼロ以上（$\theta_0 = 0, \pi$ でゼロ）となる。つまり，衝突後の角速度 ω^+ は衝突によって衝突直前の角速度 ω^- に対して必ず等しい，もしくは，遅くなることを意味している。

ここで，リムレスホイールが円周に沿って均等に配置された脚を n 本持つものとする。ただし，$0 \leq |\theta_0| < \pi$ とする。

このとき，平行軸の定理から $I_A = I_G + ml^2$，$\theta_0 = \pi/n$ となるので μ は

$$\mu = \frac{I_G + ml^2 \cos \dfrac{2\pi}{n}}{I_G + ml^2} \tag{11.18}$$

と表すことができる。

11.3　ポアンカレ写像

リムレスホイールは傾斜 γ の斜面上で斜面に垂直な軸を基準とする初期角度 $\theta = \theta_0$ で回転をはじめ，$\theta = \theta_f = -\theta_0$ でつぎの脚先が斜面に衝突する（図 11.1 参照）。脚は固定されているので歩幅はつねに一定であり θ_0 は歩数に依存しない。以後の議論のために，θ を鉛直上方軸を基準とする q に変換すると，$q(0) = q_0 = \theta_0 - \gamma$，$q(t_f) = q_f = -\theta_0 - \gamma$ となることに注意する。リムレスホイールの受動歩行において，ある k 歩目の初期状態からつぎの $k+1$ 歩目の

初期状態に至る状態遷移はつぎのように表現できる。

	片脚支持期		衝突		脚交換	
$\theta:$	θ_0	$\to$	$\theta_f (= -\theta_0)$	$=$	θ_f	$\to$	θ_0
$\omega:$	${}_k\omega_0$	$\to$	${}_k\omega_f$	$\to$	${}_k\omega^+$	$=$	${}_{k+1}\omega_0$

ただし，左下添え字は歩数を表す。この状態遷移を考慮し，前節までに得られた具体的な式を用いて，$k+1$ 歩目の初期状態を k 歩目の初期状態を使って表すことを考える。

11.3.1 片脚支持期

片脚支持期において，リムレスホイールの k 歩目の初期角度 θ_0 および初期角速度 ${}_k\omega_0$ から衝突直前の角度 $\theta_f = -\theta_0$ および ${}_k\omega_f$ への遷移を図 11.5 に示す。

$$\theta: \quad \theta_0 \to \theta_f \quad (= -\theta_0) \tag{11.19}$$

$$\omega: \quad {}_k\omega_0 \to {}_k\omega_f \tag{11.20}$$

線形モデルを用いた場合，式 (11.4) からリムレスホイールの片脚支持期における角速度 ${}_k\omega(t)$ の時間変化は，絶対角度で表現された初期角度 q_0 と初期角速度 ${}_k\omega_0$ に対して

$$_k\omega^2(t) = {}_k\omega_0^2 + \lambda^2\{q^2(t) - q_0^2\} \tag{11.21}$$

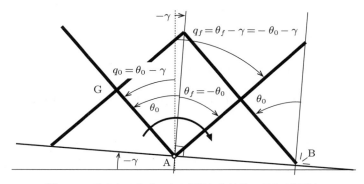

図 11.5　リムレスホイールの運動におけるモデルの切替り

と表現できる．また，つぎの脚先が斜面に接地する状態を q_f と $_k\omega_f$ とすると

$$_k\omega_f^2 = {_k\omega_0^2} + \lambda^2(q_f^2 - q_0^2)$$
$$= {_k\omega_0^2} + \lambda^2(q_f - q_0)(q_f + q_0) \tag{11.22}$$

となる．前述したように，絶対角度 q と斜面に固定された座標系からみた角度 θ の変換が斜面の角度を γ とすると $q = \theta - \gamma$ なので

$$_k\omega_f{}^2 = {_k\omega_0{}^2} + 4\lambda^2 \gamma\, \theta_0 \tag{11.23}$$

となる．

ここでリムレスホイールの受動歩行の推移を視覚的に表すために運動エネルギー ξ を導入しておく．リムレスホイールが角速度 ω で回転しているときの運動エネルギー ξ は

$$\xi(t) = \frac{1}{2} I_A \omega^2(t) \tag{11.24}$$

と表せる．

例題 11.1 4脚リムレスホイールの片脚支持期における運動エネルギー $\xi(t)$ を導出し，$\theta_0 = \pi/4$, $\omega_0 = -2$, $l = 1$, $m = 1$, $I_G = ml^2/3$, $\gamma = \pi/6$, $g = 9.8$ として1歩分の時間波形を図示せよ．

【解答】 まず運動エネルギーを導出する．式 (11.21) から

$$\xi(t) = \frac{1}{2} I_A \omega^2(t)$$
$$= \frac{1}{2} I_A \{\omega_0{}^2 + \lambda^2(q^2(t) - q_0{}^2)\} \tag{11.25}$$

となる．ただし，$I_A = I_G + ml^2$ である．$\xi(t)$ の時間波形を図 **11.6** に示す．

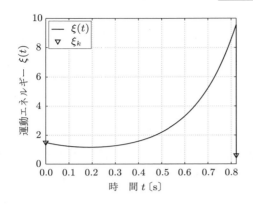

図 **11.6** リムレスホイールの1歩における $\xi(t)$ の変化

◇

11.3.2 両脚支持期

両脚支持期は衝突問題と脚交換としてとらえることができる。

〔1〕**衝　突　問　題**　　衝突は瞬間的に行われることからリムレスホイールは回転しないとみなされる。したがって，角度は変化しないので θ_f のままである。角速度は衝突後の角速度を $_k\omega^+$ と置くと，$\omega : _k\omega_f \to {_k\omega^+}$ と変化し，衝突方程式 (11.16) で表現できたので

$$_k\omega^+ = \mu \; _k\omega_f \tag{11.26}$$

$$\mu = 1 - \frac{2ml^2}{I_A}\sin^2\theta_f \tag{11.27}$$

となる。

〔2〕**脚　交　換**　　最後に，接地した脚が支持脚になり（脚交換し），つぎの $k+1$ 歩目の初期状態となる。したがって，初期角度は $\theta_0 = -\theta_f$ となり，角速度は変化しないので初期角速度が $_{k+1}\omega_0 = {_k\omega^+}$ となる。

11.3.3 $k+1$ 歩目の初期状態

以上の結果をまとめると，$k+1$ 歩目の初期状態が次式で与えられる。

$$_{k+1}\omega_0{}^2 = ({_k\omega^+})^2 = \mu^2 {_k\omega_f}{}^2 = \mu^2({_k\omega_0}{}^2 + 4\lambda^2\gamma\,\theta_0) \tag{11.28}$$

ただし，リムレスホイールの脚は固定されているので，歩数にかかわらず初期角度はつねに一定である．そのため，初期角度を θ_0 とした．式 (11.28) を ξ を用いて書き直すと

$$\xi_{k+1} = \mu^2 \xi_k + \mu^2 U \tag{11.29}$$

となる．ただし，ξ_k は k 歩目の初期運動エネルギー（$\xi_k = I_{A\,k}\omega_0^2/2$）で $U = 2I_A \lambda^2 \gamma\, \theta_0$ と置いた．式 (11.29) の右辺を見ると，k 歩目の運動エネルギー ξ_k に U を加えたものが衝突によって μ^2 の割合に減少（$|\mu| < 1$ の場合）したものが，左辺にあるつぎの $k+1$ 歩目の初期運動エネルギー ξ_{k+1} となることを表している．U は坂道を下ることで得られるポテンシャルエネルギーに相当する．

11.3.4 不動点（周期解）

リムレスホイールが歩数を重ねていくに従って，ある一定のパターンに収束したとする．このとき，$k+1$ 歩目の初期エネルギー ξ_{k+1} は k 歩目のエネルギーに一致するはずである．これを ξ_* と置くと

$$\xi_{k+1} = \xi_k = \xi_* \tag{11.30}$$

である．この ξ_* を不動点という．式 (11.29) に式 (11.30) を代入すると

$$\xi_* = \frac{\mu^2}{1-\mu^2} U \tag{11.31}$$

として不動点が得られる．

11.3.5 ポアンカレ写像

ここで，運動エネルギーの不動点からの誤差を $\Delta\xi_k = \xi_k - \xi_*$ とすると，式 (11.29) から次式が得られる．

$$\Delta\xi_{k+1} = \mu^2 \Delta\xi_k + (\mu^2 - 1)\xi_* + \mu^2 U \tag{11.32}$$

この式に不動点式 (11.31) を代入して整理すると最終的に

$$\Delta\xi_{k+1} = \mu^2 \Delta\xi_k \tag{11.33}$$

となる．ただし

$$\mu = 1 - \frac{2ml^2}{I_A}\sin^2\theta_0 \tag{11.34}$$

である．この式 (11.33) をポアンカレ写像という．また，μ^2 をポアンカレ写像の固有値という．

11.3.6 不動点の安定性

このポアンカレ写像の不動点である ξ_* から少し離れた点を初期状態としてリムレスホイールが運動したとき，歩数を重ねる（$k \to \infty$）に従って不動点に収束する（$\Delta\xi_k \to 0$）かどうかによって受動歩行の安定性が評価できる．

この不動点の安定性は固有値の大きさによって以下のように決定される．

定理 11.1

- 固有値の大きさが 1 未満（$|\mu| < 1$）のとき，ポアンカレ写像（式 (11.33)）の不動点 ξ_* は漸近安定である．
- 固有値の大きさが 1 より大きい（$|\mu| > 1$）とき，ポアンカレ写像（式 (11.33)）の不動点 ξ_* は不安定である．
- 固有値の大きさが 1（$|\mu| = 1$）のとき，ポアンカレ写像（式 (11.33)）の不動点 ξ_* は初期値 ξ_0 から変化しない（ニュートラルであるという）．

証明 ポアンカレ写像（式 (11.33)）を繰り返し計算すると ξ_k は

$$\Delta\xi_k = \mu^2 \Delta\xi_{k-1} = (\mu^2)^2 \Delta\xi_{k-2} = \cdots = (\mu^2)^k \Delta\xi_0 \tag{11.35}$$

となる．よって，$|\mu| < 1$ ならば，$k \to \infty$ としたとき $\Delta\xi_k = \xi_k - \xi_* \to 0$ となる．つまり，$\xi_k \to \xi_*$ $(k \to \infty)$ となるので不動点は漸近安定である．また，$|\mu| > 1$ ならば，$k \to \infty$ としたとき $\Delta\xi_k \to \infty$ となり，不動点は不安定となる．さらに，$|\mu| = 1$ ならば，$k \to \infty$ としても $\Delta\xi_k = 0$ であるので

$$\xi_k = \xi_{k-1} = \cdots = \xi_0 = \xi_* \tag{11.36}$$

となり，ξ_k はつねに初期運動エネルギー ξ_0 のまま変化しない。□

例題 11.2 例題 11.1 と同じ条件で 4 脚リムレスホイールを 4 歩歩行させ，片脚支持期の運動エネルギー $\xi(t)$ の時間変化を衝突後の ξ_k および位相図もあわせて図示せよ。

【解答】 図 **11.7** に $\xi(t)$ の時間変化のグラフを示す。計算の詳細は省略するが MATLAB を用いている。この計算の MATLAB スクリプトは付録 A.4 節に記載したので参考にしていただきたい。

　図 (a) が ξ の時間変化と衝突後の値（つまりつぎのステップの初期エネルギー）を示している。また，図 (b) は位相平面上の軌道と速度場を重ね合わせたものである。破線はセパラトリクスを表している。この二つの図から，歩数を重ねると一定のパターン（周期軌道）に収束している様子がわかる。また，この場合，衝突方程式の μ が $1/4$ で不動点は安定となる。μ は値がかなり小さいために収束ス

コーヒーブレイク

「制御の視座」で見たリムレスホイールの構造

　図 1 (a) は式 (11.29) をブロック線図に表したもので，図 (b) は等価な離散時間系の状態空間モデルである。これを式で表すと

$$\Delta \xi_{k+1} = A \Delta \xi_k + B u \tag{1}$$

である（ただし，制御入力は $u = 0$ と考える必要がある）。詳細は省くが図 (b) のシステム（式 (1)）は，制御入力がない場合（$u = 0$）において A の固有値 $\rho(A)$ が $|\rho(A)| < 1$ となるとき安定となることが制御工学分野ではよく知られている。リムレスホイールにおいて A は $A = \mu^2$ でスカラー量となるため，固有値その

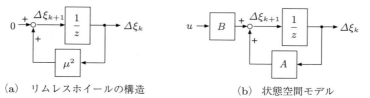

(a) リムレスホイールの構造　　(b) 状態空間モデル

図 1 「制御の視座」で見た構造

ものであり原理的に $\rho(A) = \mu^2 < 1$ となるのであった。したがって，定理 11.1 と同様に，本書のまえがきで触れた「制御の視座」で見てもリムレスホイールの受動歩行は安定であることがわかる。

まえがきでも紹介したが，著者らはコンパスモデルとしての受動歩行ロボットを「制御の視座」で見て，そこに埋め込まれている制御構造について探求している[2),3)]。

例えば，図 2 に示すように，コンパスモデルでは図内の破線で囲った部分がリムレスホイールと同じ構造をしているが，リムレスホイールとは異なりその外側にフィードバック構造を持っている（K_P のブロックを含む信号）。このフィードバック構造を持つことがコンパスモデルの 2 足受動歩行を安定化している原理である。ただし，フィードバックループはコンパスモデルの受動歩行に埋め込まれているため取り除くことはできない点に注意する必要がある。

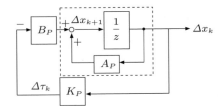

図 2　コンパスモデルのフィードバック構造

受動歩行ロボットは「受動的」であり，したがって，陽的制御（アクチュエータなどを使った能動制御など）を行っているわけではない。しかし，受動歩行にはその運動そのものに埋め込まれた歩行を安定化する構造があり，それによって陰的に「制御」されているのである。また，この陰的制御構造は環境である斜面との衝突という相互作用によって生じている（リムレスホイールの μ は衝突時における相互作用による速度変化を表していることを思い出してほしい）。したがって，積極的な制御を導入する以外に環境と歩行機と制御則との相互作用によってある種の制御則（陰的制御則）が定まることから，受動歩行が環境適応機能を持つために重要な役割を果たしているのではないかと著者らは考えている。さらに，受動歩行の陰的制御構造を生かすように陽的制御（能動制御）することで，より適応性の高い歩行が実現できるかもしれない。この「制御の視座」による受動歩行，さらには生物の持つ陰的制御則に関する深遠な議論については参考文献2) を参照していただきたい。

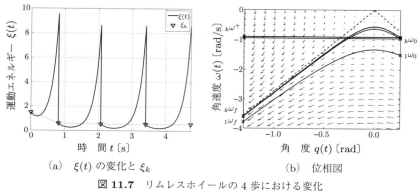

(a) $\xi(t)$ の変化と ξ_k (b) 位相図

図 **11.7** リムレスホイールの 4 歩における変化

ピードが速く，図 (a) では 3 歩ほどで周期解に重なっている。

さらに，リムレスホイールがほぼ周期解に至った 4 歩目の歩容を，約 0.17 s ごとに撮ったスクリーンショットの連続画像として図 **11.8** に示す。この図から，リムレスホイールは支持脚の軸が鉛直上方に来るまで減速し（軸の間隔が狭くなり）ながら回転し，この位置を越えると加速（軸の間隔が広がり）ながらつぎの脚先点 B が斜面に衝突する様子が確認できる。このアニメーションも付録 A.4 節のスクリプトに含まれているので参考にしていただきたい。

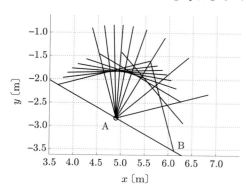

図 **11.8** リムレスホイールの 4 歩目の歩容

11.3.7　ポアンカレ写像（非線形系の場合）

これまでの議論は片脚支持期に線形化された運動方程式を用いていた。しかし，厳密には片脚支持期が三角関数を含む非線形モデルとなることは前述のと

おりである。じつは4脚を持つリムレスホイールのように姿勢角度 θ が $\pi/2$ にわたって変化する場合，線形モデルではかなり誤差を生じてしまう。そこで，非線形モデルを用いたポアンカレ写像を導出しておく。

〔1〕 非線形モデルによる片脚支持期 衝突直前の角速度 ω_f は，初期状態 q_0 および ω_0 を用いて次式のように表すことができる（式 (10.34) 参照）。

$$\omega_f^2 = \omega_0^2 + 2\lambda^2 (\cos q_0 - \cos q_f) \tag{11.37}$$

また，斜面を基準とする角度 θ に変換し，$\theta_f = -\theta_0$ の関係を用いて整理すると

$$\begin{aligned}\omega_f^2 &= \omega_0^2 + 2\lambda^2 \{\cos(\theta_0 - \gamma) - \cos(\theta_f - \gamma)\} \\ &= \omega_0^2 + 2\lambda^2 \{\cos(\theta_0 - \gamma) - \cos(-\theta_0 - \gamma)\} \\ &= \omega_0^2 + 4\lambda^2 \sin\theta_0 \sin\gamma\end{aligned} \tag{11.38}$$

となる。

〔2〕 $k+1$ 歩目の初期角速度（非線形モデル） 衝突方程式と脚交換は前述したモデルと同じである。したがって，以上の結果をまとめると $k+1$ 歩目の初期角速度 $_{k+1}\omega_0$ が次式で与えられる。

$$_{k+1}\omega_0^2 = (_k\omega^+)^2 = \mu^2 {_k\omega_f^2} = \mu^2 \left(_k\omega_0^2 + 4\lambda^2 \sin\theta_0 \sin\gamma\right) \tag{11.39}$$

式 (11.39) を $\xi_k = \frac{1}{2} I_A {_k\omega_0^2}$ を用いて書き直すと

$$\xi_{k+1} = \mu^2 \xi_k + \mu^2 U_N \tag{11.40}$$

となる。ただし，$U_N = 2I_A \lambda^2 \sin\theta_0 \sin\gamma$ とした。この U_N はポテンシャルエネルギーに相当する。実際，式 (11.2) と $I_A = I_G + ml^2$ から

$$U_N = 2I_A \lambda^2 \sin\theta_0 \sin\gamma = mg(2l\sin\theta_0 \sin\gamma) = mgh \tag{11.41}$$

となる。ただし，$h = 2l\sin\theta_0 \sin\gamma$ とした。$2l\sin\theta_0$ はリムレスホイールの歩幅で，これに $\sin\gamma$ を掛けるとリムレスホイールの重心が1歩で鉛直方向に下

がった距離 h となる．これに質量 m と重力加速度 g が掛かっていることから，U がポテンシャルエネルギーそのものであることがわかる．歩幅などリムレスホイールの身体形状が不変なので，斜面を下ることで得られるポテンシャルエネルギーはつねに一定である（これは線形モデルにも当てはまる）．

線形モデルのときと同様に式 (11.40) の右辺を見ると，k 歩目の運動エネルギー ξ_k と坂道を下ることで得られるエネルギーだけ加えられたものが，衝突によって μ^2 の割合に減少（$|\mu| < 1$ の場合）し，つぎの $k+1$ 歩目の初期運動エネルギー ξ_{k+1} となることを表している．

〔3〕 **不動点（非線形モデル）** 線形モデルと同様にリムレスホイールが歩数を重ねていくに従ってある一定のパターンに収束したとすると，$k+1$ 歩目の初期エネルギー ξ_{k+1} は k 歩目のエネルギーに一致する．これを ξ_* と置くと

$$\xi_{k+1} = \xi_k = \xi_* \tag{11.42}$$

である．式 (11.40) に式 (11.42) を代入すると

$$\xi_* = \frac{\mu^2}{1-\mu^2} U_N \tag{11.43}$$

として非線形モデルにおける不動点が得られる．

〔4〕 **ポアンカレ写像（非線形モデル）** ここで，$\Delta \xi_k = \xi_k - \xi_*$ とすると式 (11.40) から次式が得られる．

$$\Delta \xi_{k+1} = \mu^2 \Delta \xi_k + (\mu^2 - 1)\xi_* + \mu^2 U_N \tag{11.44}$$

この式に不動点式 (11.43) を代入して整理すると最終的に

$$\Delta \xi_{k+1} = \mu^2 \Delta \xi_k \tag{11.45}$$

となり，線形モデルの場合，式 (11.33) と同じ式に帰着される．ポアンカレ写像は同じ形をしているが，途中の軌道は線形モデルと非線形モデルで異なる．したがって，解軌道は異なる点に注意する必要がある．

11.4　リムレスホイールの周期的挙動と軌道の安定性

図 11.9 は運動エネルギーの時間関数 $\xi(t)$（図 11.7 (a)）を衝突点を含む面（ポアンカレ断面という）で切断し，曲線をぐるっと丸めて断面を重ね合わせたイメージ図である．リムレスホイールの運動エネルギーは衝突時の断面上における不連続な動き（ジャンプという）を含む周回軌道を描き（図 11.9 (a)），歩数を重ねていくうちにある一定の軌道（周期軌道）を描くようになる（図 (b)）．この周期軌道のポアンカレ断面における点（衝突後の運動エネルギー ξ_*）が不動点である．

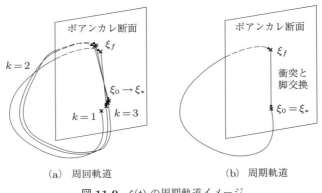

図 11.9　$\xi(t)$ の周期軌道イメージ

リムレスホイールが歩数を重ねていく（$k \to \infty$）と周回軌道が周期軌道に収束するように，衝突後の運動エネルギー ξ_k は不動点 ξ_* に収束する．したがって，曲線で表されるリムレスホイールの歩容がある周期解に収束することを，衝突後の運動エネルギーという点列の収束問題として解析することが可能であることを示している．つまり，ポアンカレ写像を用いると軌道の安定解析ができるということである．

10.4.3 項で述べたように，振り子の安定性は平衡点としてのある角度（リムレスホイールや歩行機ならある特定の姿勢）について議論することができるの

みであった．しかし，ポアンカレ写像ならリムレスホイールの歩容だけでなく，さらにコンパスモデルの受動歩行をはじめとする2足歩行の安定性まで議論が可能となる．

┌─ コーヒーブレイク ─

2足受動歩行のモードとリムレスホイール

受動歩行の研究をはじめた McGeer の論文[68]ではポアンカレ写像を使った安定解析が行われている．

その中で得られるポアンカレ写像の固有値に代表される挙動三つに呼び名を付けている．Swing モード，Totter モード，そして Speed モードである．

Swing モードは遊脚が地面に衝突することで歩幅が拘束されることを表しており，このモードは速やかに収束する（遊脚の摂動が衝突によって取り除かれる）．Totter モードは歩数を重ねるごとに歩幅が大きくなったり小さくなったりするモードである．したがって，この二つのモードは遊脚が自由に回転できないリムレスホイールでは表現できない．

最後の Speed モードがリムレスホイールの運動に相当する．したがって，2足受動歩行もまた衝突によってエネルギーが減少し，坂道を下ることでポテンシャルエネルギーが供給され，失われたエネルギーに釣り合うことで安定化される．この意味でリムレスホイールが2足受動歩行のエッセンスであり，リムレスホイールの解析が2足歩行の解析につながるのである．ちなみに，前のコーヒーブレイクで触れた「制御の視座」を通して見たリムレスホイールの構造も，やはりコンパスモデルの構造に含まれていたが，これも偶然ではないのかもしれない．

付　　録

A.1　大学生対象の講義と小学生対象の工作実験教室

この付録は，本書で紹介した段ボール受動歩行機を用いて行ってきた大学生対象の講義と，おもに小学生を対象とした工作実験教室の内容について紹介する。

A.1.1　RW–P00 および RW–P01 による講義と工作実験教室

まず，段ボール紙を材料とした RW–P01 に基づく講義と工作実験教室について紹介する。

〔1〕 **大学生対象の講義**　　岡山理科大学工学部機械システム工学科では，2009 年度から 3 年次生を対象とし，段ボール受動歩行機を設計・製作することを課題とする講義を行っている。2009 年，2010 年は初期の歩行機 RW–P00，RW–P01 をベースにした歩行機とし，足部は段ボール紙を円弧状に曲げて脚部に木工用ボンドで接着する方法をとっている。講義では，4 章の内容を数回にわたって解説し，数名で構成される班ごとに歩行機の設計・製作を行った。実現された歩行機の一部を図 **A.1** に示す。設計において，径 6 mm のステンレス棒と段ボールを用いること以外に制約はないため，ある程度多様な形状の歩行機が実現されている。歩行機の設計結果（ステップ時間）および実験結果の一部を表 **A.1** に示す。この結果は学生のレポートからの引用であるため理論値は参考程度で，実験値の一部は計測データから再計算を行った。歩行機は，段ボール紙を曲げた足裏円弧の精度が悪い，形状の維持も容易ではない，軸受け部の強度不足で遊びが大きいなどの問題があったが，最終的に最大歩行距離 1 650 mm，歩数 100 という結果であった。

図 **A.1**　学生の設計した RW–P01

表 A.1 RW–P01 の実験データ（2010 年度の学生レポートから）

班	理論値		実験値			
	S_L [s]	S_S [s]	S [s]	n	s_t [mm]	D [mm]
A	0.54	0.55	0.24	100	17	1650
B	0.59	0.57	0.35	27	18	nodata
C	0.44	0.46	0.25	28	10	280

S：平均ステップ時間，n：最大歩数，s_t：平均歩幅
D：最大歩行距離

〔2〕 **小学生対象の工作実験教室**　RW–P01 の有効性を検証するために小学生対象の工作実験教室を 2010 年度に 3 回実施した．まず，第 1 回目は岡山理科大学附属中学校オープンスクールのイベントの一つとして実施された．そのときの様子を図 **A.2** (a) に示す．対象は小学校高学年，参加人数 40 名である．進行は，教員 1 名が説明しながら 40 名を 6,7 名で構成される班に分け，班ごとに中学生 1,2 名，大学生 1 名を配置し，作業を同時進行させる形式をとっている．また，進行が遅れ気味であった参加者には保護者が個別に作業を補助していた．その結果，実際の工作時間は約 1 時間要し，歩行実験にはイベントの都合から 10 分程度となっている．

(a)　　　　　　　　(b)

図 **A.2**　小学生を対象とした工作実験教室の様子

第 2 回目は，岡山市にある小学校の企画として行った．対象は小学校高学年の児童を中心とし，低学年は保護者の補助のもとで児童 45 名の参加を得た．第 1 回目とは異なり，個別に工作を行う形式で，学生数名と 1 時間ごとに地元ボランティアの方々 2～3 名に交代で補助に入っていただいた．工作風景を図 A.2 (b) に示す．工作時間は 45 分程度で，個別に進行したことで補助員がほぼマンツーマンで配置することが可能であったため時間が短縮されている．実験は，参加者の時間が許す限り行った．

第 3 回目は，岡山理科大学科学博物園わくわく科学の広場の一企画として実施した．対象はおもに小学生で，中には就学前児童も含み参加人数は 20 名，作業時間は約 45 分で，実験時間は参加者の時間が許す限りであった．第 2 回目と同様に個別に入れ替

わり立ち替わり工作を行ってもらった。また，時間の余裕がない場合は，あらかじめ材料を切り出したものを組み立てるのみで約20分程度の工作時間となっている。

工作実験教室の参加児童はのべ100名余りで，大半の児童が数歩歩行させることに成功し，中には，10歩程度の歩行を成功させるものもいた。しかし，段ボールの切出し精度が悪くほとんど歩かないものも少なからず見られた。特に，円弧足の形状と取付け部分の切断精度が求められること，軸受けに用いたストローの取付け部分の強度不足で固定されないことが歩行の実現に大きく影響していた。また，参加児童の達成度（歩数や歩行距離など）や満足度などを定量的に評価するために全参加者対象のアンケートなどを行う必要があった。

A.1.2 RW–P02

つぎに，プラスチック段ボール（プラダン）を材料に用いたRW–P02による講義と工作実験教室について紹介する。

〔1〕 **大学生対象の講義**　2011年度からは，前年度と同じ大学3年次生を対象とした科目でRW–P02を用いた講義を行っている。2010年度までと同様に，数回の講義で設計法を講述し，数名の班に分かれて設計・製作を行った。この年から，当研究室と岡山理科大学工作センターに導入されているレーザ加工機を用いてプラダンから部品切出しを行っている。**図A.3**に2011年度の講義において製作された歩行機を，**表A.2**に各班の理論値と実験値を示す。図A.3内の歩行機は左から表内のgroup A, B, Cに対応している。学生のレポートおよび製作した歩行機から，外形，計測データを引用し理論値および実験値を再計算している。この表から，A, C班のステップ時間は理論値よりも小さい傾向がある。6.4.2項の結果より，脚間距離が20 mmを超えるとステップ周期が理論値よりも大幅に減少することから，実験時に脚間距離が大きかったことが原因[66]と考えられる。また，遊脚の半周期は理論値より若干大きい値をとっているため，粘性を考慮する必要がある。B班について，ステップ時間が理論値よりも若干長めとなっていることから，脚間距離が狭い状態で実験が行われたもの

図 **A.3**　学生の設計したRW–P02

表 A.2　RW–P02 の実験データ（2011 年度の学生レポートから）

班	理論値		実験値				
	S_L [s]	S_S [s]	S [s]	S_S	n	s_t [mm]	D [mm]
A	0.60	0.35	0.44	0.36	16	38	600
B	0.32	0.37	0.34	0.36	24	21	510
C	0.49	0.33	0.42	0.35	40	20	800

S：平均ステップ時間，n：最大歩数，s_t：平均歩幅，D：最大歩行距離

と考える．また，足質量が大きく軸の取付け位置が高いという脚全体の重心が低い構造のため，ほかに比べて遊脚の軸まわりの慣性モーメントが大きく，摩擦の影響が比較的小さかったことが考えられる．プラダンを用いるようになってからは，加工精度が向上したため，実験の再現性は高く，各班ごとの歩行到達距離に大きな差は見られなかった．しかし，時間的な制約（設計，製作，実験に講義 1 回 1.5 時間ずつ）もあり，6.4 節で得られた結果（股関節軸の取付け位置や脚間距離を変更することで歩容が変化し歩行性能に影響を与えること）まで実験してもらうことは難しい．

〔2〕**小学生対象の工作実験教室**　さらに，2011 年度からは小学生対象の工作実験教室にも RW–P02 を導入した．例年，岡山理科大学附属中学校のオープンスクール，岡山理科大学の大学祭期間中に行われる理大科学博物園と近隣の小学校などのイベント内で 3～6 回実施している．それぞれのイベントは 20～40 名程度の参加者で，指導は教員 1 名学生 10 名程度で行っている．イベントによっては補助的なボランティアの方にも指導を手伝っていただいている．歩行機の部品はあらかじめレーザ加工機により部品を切り出しており，教室では部分的にはさみを使うものの，両面テープで貼り合わせるのみで工作は行われる．したがって，RW–P01 の場合よりも事前の準備時間が短縮され，工作時の怪我の可能性も低減されている．**表 A.3** に示すように参加者は 2015 年度までの 5 年間でのべ 723 名となっている．所要時間は工作に最低 30 分，実験に最低 30 分の合計 1 時間程度を基本としてイベントの制約にあわせて流動的に設定した．

表 A.3　RW–P02 を用いた工作実験教室の参加者数

年度	イベント数	参加者のべ人数
2011 年度	5	171
2012 年度	6	165
2013 年度	5	172
2014 年度	3	84
2015 年度	5	131
合計	24	723

A.1 大学生対象の講義と小学生対象の工作実験教室

2011年度の工作実験教室からは，同じ項目を用いたアンケートを行っている．図 A.4 は 2011 年度のアンケート結果で，図 (a) が楽しさを問う項目，図 (b) が難易度を問う項目に対する結果である．工作教室について「楽しさ」を問う 5 択の項目から「とてもおもしろかった」と「おもしろかった」とした回答結果をあわせると，9 割を超える参加者が満足していることが示されている．さらに，工作の難易度を問う簡単から難しいを 5 段階で設定した項目から，最も難しいとした項目を除いて，ある程度一様な割合を示す結果を得た．このことから，ある程度の難易度もあり，工作することの楽しさを感じてもらえたものと考える．以上の結果は過去 5 年間でほぼ同程度の傾向を示しており，段ボール受動歩行機の有用性を示す結果であると考える．

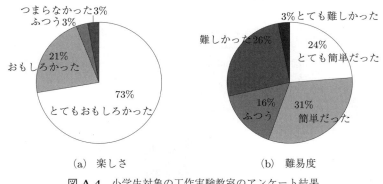

(a) 楽しさ　　　　　　　　(b) 難易度

図 A.4　小学生対象の工作実験教室のアンケート結果

つぎに，熱心に取り組んでいた生徒に股関節軸の位置と脚間距離を変化させて実験を行ってもらった結果の一例を図 A.5 に示す．この実験結果について 3 択形式で考察してもらうと，歩行距離と歩数は股関節軸位置が高くなると大きく，脚間距離が大きくなると小さくなるとの回答を得た．このことから，一部ではあるが段ボール受動歩行機を用いることで小学生でも歩行機の身体形状の変化に対する適応的特性について理解が可能であることがわかる．

最後に，3.3.3 項で紹介した治具の効果について明らかにするために，2015 年度のイベントにおける歩行機の最大歩行距離の平均を図 A.6 に示す．この図から，左の二つの治具を使わないイベントに対して，右の二つの治具を導入したイベントの歩行距離が 2 倍以上となっていることが確認できる．中央の治具を用いなかったイベントの最大歩行距離が長いのは，参加人数が 11 名と少なく，中学生を中心とした参加者で構成されていたため，組立精度がよく，また，歩行させるための方向性をよく理解できたことが原因と考える．このことから，治具を用いるとよく歩く歩行機がつくりやすくなる効果を持つといえる．

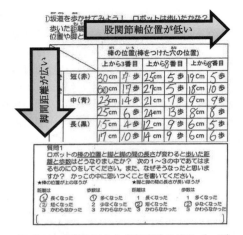

図 A.5 小学生による歩行実験の結果（一例）

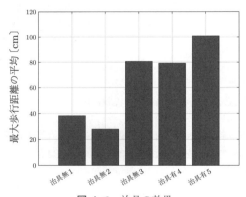

図 A.6 治具の効果

A.1.3 松江工業高等専門学校での取組み

・**小学生から中学生対象の工作実験教室**　松江工業高等専門学校で地域教育の一環として開かれる学校開放事業の工作実験教室にて，2013〜2015 年の夏休みと冬休みの期間に小学生と中学生を対象に計 7 回（2015 年は夏休みに 2 回実施）工作実験教室を行った．参加人数は 20〜30 名程度で，プログラムは各年度において，改善を加えていったため，表 A.4 のように変遷している．

製作は参加者それぞれに製作手順をまとめた説明書を配布し，手順に沿って各自で製作してもらう形式をとった．参加者の大半は小学生低学年であるが，保護者も同伴しているため製作ができないといったことはなかった．歩行機は図 A.7 のように，小

表 A.4 工作実験教室のプログラム

2013年冬以前		2014年夏		2014年冬以降	
2足歩行の説明	15分	2足歩行の説明	15分	2足歩行の説明	10分
製作時間	20分	製作時間	30分	製作時間	30分
調節時間	30分	実験説明	10分	実験説明	10分
実験説明	15分	実験時間	25分	実験時間	45分
実験時間	10分	アンケート記入	10分	コンテスト	20分
アンケート記入	5分			アンケート記入	5分
所要時間	95分	所要時間	90分	所要時間	120分

(a) 2013年度   (b) 2014年度冬以降

図 A.7 使用歩行機

学生でも簡単に製作できるように基本設計から若干変更したものを使用している。両面テープの使用を減らし，輪ゴムやストローなどで固定するようにしたことから，早い場合で15分，遅くとも30分ですべての参加者が製作を終えることができる。以上により，実施体制は年々縮小し，2015年では教員1名と指導学生1名で実施することができた。坂道には長さ900 mm，幅300 mmの桐の板をアルミ材で補強したものを角度調節機構とともに図 A.8 にあるように二つ一組みで使用し，計四組み用意した。

(a) 坂道   (b) 角度調節機構

図 A.8 実験用坂道

このとき，板に色分けした目盛りを取り付けたことで，参加者が歩行距離を感覚的に理解できるようになっている．また，上部から 100 mm の位置は歩行機を置く場所として，歩行可能な距離を 800 mm と設定した．

2013 年の冬と 2014 年は実施時に各参加者に満足度や軸位置と脚間距離の変化による歩容の変化を選択形式で回答してもらい，正答率などを記録した．その結果を**表 A.5** にまとめた．

表 A.5　松江工業高等専門学校における工作実験教室の評価

	2013 年冬	2014 年夏	2014 年冬
参加人数	23 名	31 名	29 名
歩容の変化の正答率	39%	76%	86%
平均歩行距離	725 mm	582 mm	793 mm
満足度（楽しかった）	95%	90%	97%

2013 年の冬は，製作しただけでは歩行機が歩かなかったため，実験時間の多くは歩行機の調整に費やされた．結果として，歩容の変化の理解が低い代わりに最終的な歩行距離は長くなっている．2014 年夏は歩行機の完成度が上がり，調整せずとも板の半分を歩くことから，軸位置や脚間距離を変化させる実験に移行したため，理解は進んだが最終的に歩行させきることなく終わった参加者が多かった．これらを踏まえて歩行機とプログラムの改善を加えた 2014 年の冬では，1 名を除いてすべて坂道を歩ききることに成功した．以降，2015 年はこれにのっとって実施している．これらのことから，小学生低学年でもほぼ一律に坂道を下りきれること，また時間があれば歩行の原理について理解を促すことができる教材であるといえる．満足度は歩行距離に比例するような結果であるが，90% 以上の参加者が満足を得る内容であることがわかる．

A.2　歩行機設計用エクセルシート

本書で詳細を述べた歩行機設計のためにエクセルシートを用意した．著者のウェブサイト[65] 内の左メニューにある段ボール 2 足歩行機「つくりかた」からダウンロードできる．

【使い方】　濃くハッチングされたセル内に歩行機の外形を入力すると遊脚と歩行機全体の固有振動数が計算される．**図 A.9** はすでに入力された状態である[†]．

[†] ウェブサイトにアップしたファイルにはこの値が入力されていない．

		2016/4/1	記号	理論値	実測値	単位	計算式	理論値：別の単位	
プラ段		密度：単位面積当りの質量	ρp	150		kg/m3	質量[kg]÷体積[m3]		
SUS304			ρsus	7930		kg/m3		7.93	[g/cm3]
重力加速度			g	9.801		[m/s2]			
円周率			π	3.1416					
原点							足底		
股関節軸		半径	Rh	0.0015		[m]	この棒を使う（長さは自由に）	1.5	[mm]
SUS304		長さ	lh	0.2		[m]	脚間距離	200	[mm]
		質量	mh	0.0112		[kg]	mh = Rh^2*π*lh*ρsus	11.2	[g]
		重心回りの慣性モーメント	I_Gh	3.73693E-05		[kgm^2]	I_Gh = (mh*lh^2)/12		
		重心位置（横方向）	xGh	0		[m]	正面モデルの中心に位置する	0	[mm]
		重心位置（地面からの高さ）	yGh	0.1675		[m]	脚長lt+足幅wf−dh	168	[mm]
		股関節軸の位置	dh	0.0125			5mm*(段ボールの穴の位置)−2.5mm		
		軸穴の位置（上からの数）	上から	3		番目			
腿		幅	wt	0.025		[m]		25	[mm]
プラダン		長さ	lt	0.16		[m]		160	[mm]
		厚さ	dt	0.012		[m]		12	[mm]
		段ボールの重ねる枚数		3		枚	段ボールの重ねる枚数		
		質量	mt	0.0072		[kg]	mt = wt*lt*dt*ρp	7.2	[g]
脚2本！	z軸回り	重心回り慣性モーメント	2Iz_Gt	0.00003372		[kgm^2]	2Iz_Gt = 2*mt*(lt^2+4*wt^2)/12 !!!!脚2本!!!!!		
	x軸回り	重心回り慣性モーメント	2Ix_Gt	1.54464E-05		[kgm^2]	2Ix_Gt = mt*(lt^2+dt^2)/12		
原点は足底	脚2本！	重心位置x軸（横方向）		0		[m]	xGt−xGt = 0	0	[mm]
		重心位置y軸（上方向）	yGt	0.1		[m]	yGt = wf+lt/2 = yG2l（1本も2本も同じ）	100	[mm]
		重心位置z軸（厚さ方向）	zGt	0		[m]	zGt=0	0	[mm]
足		幅	wf	0.02		[m]		20	[mm]
プラダン		角度	θf	0.925		[rad]	足円弧角度	53	[deg]
		円弧半径	R	0.120		[m]	足円弧半径	120	[mm]
		厚さ	df	0.04		[m]		40	[mm]
		段ボールの重ねる枚数		10		枚	段ボールの重ねる枚数		
		質量	mf	0.012210352		[kg]	mf = ρp*θf/2*(R^2−(R−wf)^2)*df	12.2	[g]
	z軸回り	重心回りの慣性モーメント	2Iz_Gf	7.64584E-05		[kgm^2]	2Iz_Gf = 2Izf_CL−(2*mf)*(R−yGf)^2　足2つ！		
	x軸回り	重心回りの慣性モーメント	Ix_Gf	2.44638E-06		[kgm^2]	Ix_Gf = Ixf_CL−mf*(R−CL)^2		
	z軸回り	円弧中心回りの慣性モーメント	2Izf_CL	0.000297933		[kgm^2]	2Izf_CL = 2*mf*(R^2+(R−wf)^2)/2 足2つ！		
	x軸回り	円弧中心回りの慣性モーメント	Ixf_CL	0.000113183		[kgm^2]	Ixf_CL = mf*(R^2+(R−wf)^2)*(sin(2*θf)+2*θf)/8θf		
		円弧中心位置	CL	0.120		[m]	円弧半径に一致		
		重心位置x軸（横方向）	xGf	0.047		[m]	xGf = 2/3*[R^2+R*(R−wf)+(R−wf)^2]*[1−cosθf]/[θf*(2*R−wf)]	47	[mm]
		重心位置y軸（上方向）足1つ	yGf	0.025		[m]	yGf = R−2/3*[R^2+R*(R−wf)+(R−wf)^2]*sin(θf)/[θf*(2*R−wf)]	25	[mm]
		重心位置y軸（上方向）足2つ	yGf	0.025		[m]	yGf	25	[mm]
		重心位置z軸（厚さ方向）	zGf	0		[m]	zGf = 0	0	[mm]
遊脚の運動		質量	mt	0.019410352		[kg]	Ml = mt+mf	19.4	[g]
サジタル平面		重心位置y軸（上方向）	yGS	0.052674317		[m]	yGS = (mt*yGt+mf*yGf)/Ml	53	[mm]
		軸中心から重心まで距離	rl	0.115		[m]	rl = yGh−yGS	115	[mm]
	x軸回り	重心回りの慣性モーメント	Ix_Gl	4.35277E-05		[kgm^2]	Ix_Gl = Ix_Gt+mt*(yGt−yGh)^2+Ix_Gf+mf*(yGf−yGh)^2		
	x軸回り	股関節軸回りの慣性モーメント	Ix_Ch	0.000299452		[kgm^2]	Ix_Ch=Ix_Gl + Ml*rl^2		
		固有振動数	λ_S	8.54		[rad/s]	λS= sqrt(Ml*g*rl/Ix_Ch)	0.74	[s]周期
		半周期（ステップ時間に相当）	SS	0.37		[s]	SS = π/λS		
正面モデル	歩行機全体	質量	M	0.0500		[kg]	M = 2Ml+mh	50.0	[g]
ラテラル平面		重心位置（x方向）	xGL	0		[m]	正面モデルの中心	0	[mm]
		重心位置（地面からの距離）	yGL	0.078		[m]	yGL = (2*Ml*yGS+mh*yGh)/M	78	[mm]
	z軸回り	重心回りの慣性モーメント	Iz_GL	0.000249812		[kgm^2]	Iz_GL = 2*(Iz_Gf + mf*(yGf−yGL)^2) + 2*(Iz_Gt + mt*(yGt−yGL)^2) + (Iz_Gh + mh*(yGh−yGL)^2)		
		円弧中心と重心間の距離	r	0.042		[m]	r = R − yGL	42	[mm]
		固有振動数	λL	6.05		[rad/s]	λL= sqrt(M*g*r/(Iz_GL+M*(R-r)^2)	1.04	[s]周期
		ステップ時間	SL	0.52		[s]	SL = π/λL		

図 **A.9**　歩行機設計用エクセルファイルのシート「設計」

入力する物理量は股関節軸の半径・長さ，股関節軸を通す穴の位置（股関節軸の中心），腿の幅・長さ・厚さ（厚さは 4 mm 厚のプラダンを重ねる枚数），足の幅・角度・円弧半径・厚さである。

さらに，実験結果をまとめるシートも用意している。左下シートタブの「実験」を選択すると図 **A.10** に示すようなシートが表示される。これは 6 章の表に対応している。

実験1：遊脚の固有角振動数 λS				理論値 λS [rad/s]		
遊脚を振動させ10往復（周期）の時間を計測する．						
	10周期[s]	周期T_S[s]	振動数f_S[Hz]	固有角振動数 λS[rad/s]	実験データ	
1回目						
2回目						
3回目						
4回目					理論	
5回目					f = 1/T	T:周期
平均					λ = 2πf	

実験2：ラテラル平面の固有角振動数 λL				理論値 λL [rad/s]		
歩行機の両脚が開かないように固定し，左右に振動させ5周期分（5周期にはこだわらない）の時間を計測する．						
	x周期[s]	周期T_L[s]	振動数f_L[Hz]	固有角振動数 λL[rad/s]	周期数x	
1回目					5	
2回目					5	
3回目					5	
4回目					5	
5回目					5	
平均					5	

実験3：歩行実験と歩行の角振動数[rad/s]				nπ/t [rad/s]	t/n [s]	d/n [m]
歩行機を歩行させ，歩数，時間，距離を計測する．						
	歩行時間t[s]	歩数 n	距離d[m]	歩行角振動数[rad/s]	一歩の時間t/n[s]	平均歩幅[m]
1回目						
2回目						
3回目						
4回目						
5回目						
平均						

図 A.10　実験結果集計用のエクセルシート「実験」

A.3　ノウハウとトラブルシューティング

歩行機を作成する注意点や歩行を成功させるためのコツなどについてはある程度本文に記述している．本節では，すでに記載したポイントを含めて逆引きできるように項目ごとにその解決方法をまとめてみた．

【部品を切り出す方法】　プラダンもしくは段ボール紙から部品を切り出すにはデザインナイフやカッターナイフなどを使うと精度よく切り出せる．しかし，かなりの時間（1〜2時間）が必要となる．

【歩行機がうまく歩かない】　歩行機が歩かない基本的な原因は，足底になる円弧部分がなめらかに精度よく切り出されていないこと，および，足底が平らに組み立てられていないこと（詳細については 6.3.1 項を参照）に尽きる．以下，組立に問題がある場合における代表的なケースへの対応方法を列記する．

- **【前に倒れる】**　前に転倒する傾向は足裏の後ろ部分（かかと側）が前（つま先側）よりも少し高くなっていることが原因（図 6.2 (a) 参照）．

- 【坂の途中で止まる】 これは前に倒れるのとは逆で，足裏の後ろ部分（かかと側）が前（つま先側）よりも少し低くなっていることが原因（図 6.2 (b) 参照）．
- 【部品の切出し時点で少し凹凸がある】 滑り止めを貼るなどして表面をなめらかにする（3.3.2 項のちょっとした工夫を参照）．著者が行った講義では学生がプラ板を足底に貼ってうまく歩かせていたこともある．
- 【足底の内側が路面に引っかかる】 足の内側を少し丸める（3.4.3 項参照）．

【簡単に精度よく組み立てたい】
治具を使う（3.3.3 項参照），もしくはストローなどによって組み立てる部品の位置決めをする（3.4.2 項参照）などを試してみてほしい．

【歩行機設計】
- 【歩行機設計の計算をするソフト】 前節を参照のこと．本書で述べた設計結果をまとめたエクセルシートを公開している．
- 【二つの固有振動数の決め方】 歩行機の歩容を決定するのは正面内における歩行機全体のステップ時間 S_L（固有振動数 λ_L）である．したがって，自分の好みに合わせて歩行機の形状を決定し，前述したエクセルシートを使ってステップ時間を計算しながらこれを 0.5 s 程度に調整するとよい．また，遊脚のステップ時間（半周期）は極端（例えば何十倍）にならなければそれほど気を遣う必要はない．
- 【脚の太さ】 脚部分を極端に細くする（幅が 1 cm に満たないなど）と脚がよじれて意図した歩容にならない可能性が高い．しかし，脚がよじれる度合いをうまく使っておもしろい歩容が実現できるかもしれない．
- 【歩行機の大きさ】 歩行機の大きさに制限はない．しかし，あまり大きすぎると 3 mm のステンレス棒や段ボールの穴の強度不足が問題となる．身長で 10〜20 cm 程度が入門クラスのサイズと考えている．歩行機をつくるコツがつかめたらどんどん大きさを変えてみるのもおもしろい．

【歩行機の連結】 2.4.2 項で述べたように歩行機を連結して多足受動歩行に挑戦するのもおもしろい．著者らは 6 足歩行まで可能であることを確認している．著者らの研究[57]）のように連結部分がねじれるようにするなどいろいろな形態が考えられる．

A.4　リムレスホイールのシミュレーションプログラム

本書で扱った 4 脚のリムレスホイールをシミュレートするための MATLAB 用スクリプトを以下に示す．著者のウェブサイト[65]）内の左メニューにある段ボール 2 足歩行機「つくりかた」からダウンロードできる．四つのファイルを同じフォルダに置き，

MATLABのコマンドライン上で sample_rimless_wheel を実行する。

―――― プログラム A-1 ――――

```
% メインスクリプト．これを実行する．
% ファイル名は sample_rimless_wheel.m
clear all
global lambda m l IA q0 qf theta0
g = 9.8; %[m/s2], 重力加速度
l = 1; %[m], リンク長
m = 1; %[kg], リムレスホイールの質量（リンク一本 m/4[kg]）
IG = 4*m*l^2/12; % 重心まわりの慣性モーメント
IA = IG+m*l^2; % 点A まわりの慣性モーメント，平行軸の定理
lambda = (m*g*l/IA)^(1/2);  gamma = pi/6;  theta0 = pi/4;
q0 = theta0-gamma; %[rad], 初期角度
qf=-theta0-gamma; %―― 衝突直前の状態 ――
t0=0; %初期時刻 [s]
w0 = -1.5; %[rad/s], 初期角速度
w00=w0; x0=0; y0=0; t=[]; q=[]; w=[]; tf=0; wf=[]; w_post=[];
%―― 歩数 ――
kend=4;
%―――リムレスホイールのシミュレーション―――
for k=1:kend
%―― リムレスホイールの運動計算 ――
%―― rimless_wheel2016.m を呼び出して運動方程式を解く．――
[t1,q1,w1,tf1,wf1,w_post1,mu] = rimless_wheel2016(0,w0);
%―――――――――――――――
for n = 1:2:length(q1)
%―― リムレスホイールの図示 ――
%―― rimless_wheel_plot.m を呼び出してリムレスホイールを図示．――
[x1,x2,y1,y2] = rimless_wheel_plot(q1(n),x0,y0);
%―― 斜面の計算 ――
x = [x0-3;x0+3];   y = -tan(gamma)*x;
%―― リムレスホイールのアニメーション ――
figure(1),clf
plot(x1,y1,'b',x2,y2,'b',x,y,'k','LineWidth',2)
```

A.4 リムレスホイールのシミュレーションプログラム

```
xlim([x0-1.5,x0+2.5]),  ylim([-0.7+y0,2+y0])
axis equal, grid on, pause(0.001)
end
%―― k 歩分のデータをつなぐ ――
t=[t;t1'+tf(k);t1(end)+tf(k)]; %時間をつなぐ（縦ベクトル）
q=[q;q1';qf]; %角度の時間変化をつなぐ
w=[w;w1';w_post1]; %各速度の時間変化をつなぐ
tf=[tf;tf1+tf(k)]; %k 歩目の終了時刻
wf=[wf;wf1]; %k 歩目の衝突直前の角速度
w_post=[w_post;w_post1]; %k 歩目の衝突直後の角速度
w0=w_post(k); %k+1 歩目の初期角速度
x0 = x0+2*l*sin(pi/4)*cos(gamma);  y0 = y0-2*l*sin(pi/4)*sin(gamma);
end
k=0:kend; w0_vec=[w00;w_post];
%―― 運動エネルギー xi ――
xi=1/2*IA*w0_vec.^2; %omega の時間関数から計算
xi_theorem = zeros(kend,1);
xi_theorem(1) = 1/2*IA*w00^2; %初期運動エネルギー
%―― xi_k の理論値 ――
for n=1:kend
xi_theorem(n+1) = mu^2*xi_theorem(n)
    +4*1/2*mu^2*IA*lambda^2*theta0*gamma;
end
%―― 各種図のプロット ――
%―― plot_figures.m を呼び出して各種図を描く．――
plot_figures
%――――――――――――
```

── プログラム A-2 ──

```
% リムレスホイールの運動方程式を解くスクリプト.
%ファイル名は rimless_wheel2016.m
function [t,q,w,tf,wf,w_post,mu] = rimless_wheel2016(t0,w0)
global lambda m l IA q0 qf theta0
wf=-(w0^2+lambda^2*(qf^2-q0^2))^(1/2);
tf=1/lambda*log((lambda*qf+wf)/(lambda*q0+w0));
a=(lambda*q0-w0)/2/lambda;
b=(lambda*q0+w0)/2/lambda;
t=[t0:0.01:tf,tf];
q=a*exp(-lambda*t)+b*exp(lambda*t);
w=-lambda*a*exp(-lambda*t)+lambda*b*exp(lambda*t);
mu=(IA-2*m*l^2*sin(-theta0)^2)/IA;
w_post = mu*wf;
```

── プログラム A-3 ──

```
% リムレスホイールのアニメーションのためにスティック線図を描くスクリプト.
%──── ファイル名は rimles_wheel_plot.m
function [x1,x2,y1,y2] = rimless_wheel_plot(q,x0,y0)
global l
x1=[x0;x0-2*l*sin(q)];     y1=[y0;y0+2*l*cos(q)];
x2=[x0-l*(cos(q)+sin(q));    x0+l*(-sin(q)+cos(q))];
y2=[y0+l*(cos(q)-sin(q));    y0+l*(cos(q)+sin(q))];
```

── プログラム A-4 ──

```
% 各種図をプロットするためのスクリプト.
%──── ファイル名は plot_figures.m
%──── 図:歩数に対する初期角速度の推移 ────
figure(2),clf
plot(k,w0_vec,'+-','LineWidth',2,'MarkerSize',10)
set(gca,'fontsize',18,'FontName','Times New Roman')
xlabel('Step number'),   ylabel('_{k}\omega_{0}')
```

A.4 リムレスホイールのシミュレーションプログラム

```
grid on
%―――― 図：歩数に対する運動エネルギー ――――
figure(3),clf
plot(k,xi,'+-b',k,xi_theorem,'or','LineWidth',2,'MarkerSize',10)
set(gca,'fontsize',18,'FontName','Times New Roman')
xlabel('Step number'),   ylabel('\xi_{k}')
grid on
%―――― 図：q の時間変化 ――――
figure(4),clf
plot(t,q,[t0,t(end)],[qf,qf],'r',[t0,t(end)],[q0,q0],'r', 'LineWidth',2,'MarkerSize',10)
set(gca,'fontsize',18,'FontName','Times New Roman')
xlabel('Time [s]'),   ylabel('q(t)')
text('Interpreter','latex','String','$q_f$','Position',[-0.5,-1.3],'FontSize',24)
text('Interpreter','latex','String','$q_0$','Position',[-0.5,0.24],'FontSize',24)
xlim([0,t(end)]),   grid on
%―――― 図：角速度 omega の時間変化 ――――
figure(5),clf
plot(t,w,tf,w0_vec,'+b','LineWidth',2,'MarkerSize',10)
%plot(t,w,tf,w0_vec,'+b',tf(2:end),wf,'+r','LineWidth',2,'MarkerSize',10)
set(gca,'fontsize',18,'FontName','Times New Roman')
xlabel('Time [s]'),   ylabel('\omega(t)')
grid on
%―――― 図：1 歩目の運動エネルギー xi の時間変化 ――――
figure(6),clf
plot(t,1/2*IA*w.^2,'k',tf,xi_theorem,'vk','LineWidth',2,'MarkerSize',10)
set(gca,'fontsize',18,'FontName','Times New Roman')
xlabel('Time [s]'),   ylabel('\xi(t)')
legend('\xi(t)','\xi_k','location','northwest')
xlim([0,tf(2)]),   ylim([0,10]),   grid on
saveas(gcf,'xi.eps')
%―――― 図：運動エネルギー xi の時間変化 ――――
figure(7),clf
plot(t,1/2*IA*w.^2,'k',tf,xi_theorem,'vk:','LineWidth',2,'MarkerSize',10)
set(gca,'fontsize',18,'FontName','Times New Roman')
```

```
xlabel('Time [s]'),  ylabel('\xi(t)')
legend('\xi(t)','\xi_k')
xlim([0,max(t)]),  ylim([0,10]),  grid on
saveas(gcf,'xi_4steps.eps')
%———セパラトリクス———
the1 = (-1.4:0.01:.4)';
w_pi1 = [lambda*the1,-lambda*the1];
%——— 位相図と速度場 ———
figure(8),clf
plot(the1,w_pi1,'k-', q,w,'k',qf,w_post,'xk',q0*ones(length(w0_vec)),...
w0_vec,'xk',qf*ones(length(wf)),wf,'xk','LineWidth',2,'MarkerSize',12)
set(gca,'fontsize',24,'FontName','Times')
text('Interpreter','latex','String','$_1\omega_0$',...
'Position',[0.3,-1.5],'FontSize',24)
text('Interpreter','latex','String','$_k\omega_0$',...
'Position',[0.3,-1],'FontSize',24)
text('Interpreter','latex','String','$_1\omega_f$',...
'Position',[-1.5,-3.8],'FontSize',24)
text('Interpreter','latex','String','$_k\omega_f$',...
'Position',[-1.5,-3.4],'FontSize',24)
text('Interpreter','latex','String','$_k\omega^+$',...
'Position',[-1.5,-.6],'FontSize',24)
text('Interpreter','latex','String','$q_f$','Position',[-1.3,-4.3],'FontSize',24)
text('Interpreter','latex','String','$q_0$','Position',[0.25,-4.3],'FontSize',24)
xlabel('q(t)'),  ylabel('\omega(t)'),  axis([qf,q0,-4,0])
grid on
%——— 速度場の表示 ———
[x4,y4] = meshgrid((-1.4:0.1:.4),-4:0.2:0);
u4 = y4;  v4 = lambda^2.*(x4);
hold on,  quiver(x4,y4,u4,v4),  hold off
print(8,['RLW-step-',date,'.eps'],'-depsc');
```

引用・参考文献

1) 細川頼直：機巧図彙 (1796)，国立国会図書館ウェブサイト http://dl.ndl.go.jp/info:ndljp/pid/2568592?tocOpened=1（2016 年 8 月現在）
2) 大須賀公一，石黒章夫，鄭　心知，杉本靖博，大脇　大：制御系に埋め込まれた陰的制御則が適応機能の鍵を握る!?，日本ロボット学会誌，Vol.28, No.4, pp.491-502 (2010)
3) 杉本靖博，大須賀公一：受動的動歩行の安定性に関する一考察——ポアンカレマップの構造解釈からのアプローチ，システム制御情報学会論文誌，Vol.18, No.7, pp.255-260 (2005)
4) 環境省：平成 8 年版 環境白書，第 1 章 2 節 1 (1996)
5) 吉川弘之：テクノロジーと教育のゆくえ，岩波書店 (2001)
6) 日本学術会議 自動制御研究連絡委員会：自動制御研究連絡委員会報告——メカトロニクス教育と研究への提言，pp.412-454 (1997)
7) 人工物設計・生産研究連絡委員会メカトロニクス専門委員会：人工物設計・生産研究連絡委員会 メカトロニクス専門委員会報告——メカトロニクス教育・研究に関する提言，pp.95-117 (2000)
8) 三平満司：制御教育雑感——理論，実学，ハンズ・オン，計測と制御，Vol.46, No.9, pp.681-682 (2007)
9) 日本ロボット学会ロボット教育専門委員会報告書 (2011)
10) 入間大介，金田忠裕，蟬　正敏：段階的なプログラミング学習が可能な自律型ロボットキットの開発，第 8 回計測自動制御学会システムインテグレーション部門講演会予稿集，1D3-2 (2007)
11) 久保田翔平，安藤吉伸，水川　真：ライントレースロボットを題材としたメカトロニクス・カリキュラムの開発——ロータリーエンコーダを用いた DC モータの速度制御，ROBOMEC2008 講演論文集，2A1-I17 (2008)
12) 遠藤　玄，山田浩也，青木岳史：任意節数連結可能な教育用ヘビ型ロボットの開発，第 27 回日本ロボット学会学術講演会予稿集，J1-06 (2009)
13) 藤田和俊，工藤新之介，萩原　潔，伊藤友孝，松丸隆文：レゴ・マインドストームを用いたメカトロニクス体験学習の検討（第 3 報：プログラムの流れの理解を

主とした学習方法の開発），ROBOMEC2002 講演論文集，1P1-K08 (2002)
14) 入部正継，白旗晃規廣，喜多洋允，太才遼一，佐々重陽祐：4 輪移動体設計によるメカトロニクス設計教育プログラム，計測自動制御学会論文集，Vol.3, No.47, pp.173-179 (2011)
15) M. Iribe and H. Tanaka：An Integrated Hands–on Mechatronics Education Program, J. Robotics and Mechatronics, Vol.23, No.5, pp.701-708 (2011)
16) ロボット教育論文特集号，日本ロボット学会誌，Vol.31, No.2 (2013)
17) ロボット教育論文特集号 II，日本ロボット学会誌，Vol.33, No.3 (2015)
18) T. McGeer：Passive Dynamic Walking, CSS-IS TR 88-02 (1988)
19) G. T. Fallis：Walking Toy, U.S. Patent No.376588 (1888)
20) J. E. Wilson：Walking Toy, U.S. Patent No.2140275 (1938)
21) DIHRAS 社ウェブサイト：歩行玩具
http://www.dihras.cz/walking-toys-natur.htm（2016 年 8 月現在）
22) あなろぐ倶楽部 BlueBlack ウェブサイト：KAMITOKO
http://fuwari.ikidane.com/155.html（2016 年 8 月現在）
23) 静岡大学受動歩行教材開発チーム：人型受動歩行模型「はりがねくん」，1 回技術教育創造の世界（大学生版），発明・工夫作品コンテスト教材開発部門特別賞
24) 文部科学省：新学習指導要領・生きる力，小学校学習指導要領第 2 章第 4 節理科第 1 分野，中学校学習指導要領第 2 章第 4 節理科第 1 分野，高等学校学習指導要領第 2 章第 5 節第 3 物理 (2009)
25) 宮田剛志，大島まり，鈴木高宏：受動歩行を題材としたインタラクティブ教育支援コンテンツの開発，日本理科教育学会全国大会要項，(59), p.350 (2009)
26) 松永泰弘，中村玄輝：教材用 2 足前後型受動歩行模型の歩行に関する研究，静岡大学教育学部研究報告，人文・社会・自然科学編，Vol.60, pp.225-235 (2010)
27) Z.P. Dederick and I. Grass：Steam Carriage, U.S. Patent No.75874 (1868)
28) G. R. Moore：Walks by steam power, The Indepnedent 22 June 1983, p.7 (1893)
29) 早稲田大学ヒューマノイド研究所ウェブサイト
http://www.humanoid.waseda.ac.jp/history-j.html（2016 年 8 月現在）
30) R. Pfeifer, C. Scheier 著，石黒章夫，小林　宏，細田　耕 監訳：知の創成──身体性認知科学への招待，共立出版 (2001)
31) R. Pfeifer, J.Bongard 著，細田　耕，石黒章夫 訳：知能の原理──身体性に基づく構成論的アプローチ，共立出版 (2010)
32) M. H. Raibert：Legged Robots that Balance, MIT Press (1986)

33) 入部正継，林　大輔，浦　大介，衣笠哲也，大須賀公一：対称構造を有する受動的動歩行ロボット，ROBOMECH 2014 予稿集，2A1-H06 (2014)
34) 浦　大介，大須賀公一，入部正継，林　大輔，杉本靖博，衣笠哲也：対称構造を有する受動的動歩行ロボットを用いた適応的なふるまいの実験的検証，ロボティクスメカトロニクス講演会 2015 予稿集，2P1-T10 (2015)
35) R. Margaria：Biomechanics and Energetics of Muscular Exercise, Oxford, U. K., Clarendon Press (1976)
36) C. Chevallereau, G. Abba, Y. Aoustin, F. Plestan, E. R. Westervelt, C. Canudas-De-Wit and J. W. Grizzle：RABBIT: A Testbed for Advanced Control Theory, IEEE Control Syst. Mag., Vol.23, No.5, pp.57-79 (2003)
37) 浅野文彦，井上遼祐，田中大樹，徳田　功：連結型 Rimless Wheel の受動歩行とその性能解析——前後脚間の位相差の調節による高速化，日本ロボット学会誌，Vol.30, No.1, pp.107-116 (2012)
38) A. Goswami, B. Thuilot and B. Espiau：Compass-like Biped Robot, Part I: Stability and Bifurcation of Passive Gaits, Rapport de recherche, N° 2996 (1996)
39) M. Garcia, A. Chatterjee, A. Ruina and M. Coleman：The Simplest Walking Model: Stability, Complexity, and Scaling, J. Biomech. Eng., Vol.120, pp.281-288 (1998)
40) S. Collins, M. Wisse and A. Ruina：A Three–dimensional Passive Dynamic Walking Robot with Two Legs and Knees, Int. J. Robotics Res., Vol.20, no.7, pp.607-615 (2001)
41) S. Collins and A. Ruina：A Bipedal Walking Robot with Efficient and Human-Like Gait, Proc. of 2005 IEEE Int. Conf. on Robotics and Automation, pp.1983-1988 (2005)
42) M. Wisse and R. Q. van der Linde：Delft Pneumatic Bipeds, Springer Tracts in Advanced Robotics Vol.34, Springer-Verlag Berlin (2007)
43) D. A. Winter：Biomechanics and Motor Control of Human Gait (1991)
44) 下山　勲：竹馬型 2 足歩行ロボットの動歩行，日本機械学会論文集 C 編，Vol.48, No.433, pp.1445-1455 (1982)
45) H. Miura and I. Shimoyama：Dynamic Walking of Biped, Int. J. Robotics Res., Vol.3, No.2, pp.60-74 (1984)
46) 香田　徹：離散力学系のカオス（現代非線形科学シリーズ 2），コロナ社 (1988)
47) S. ウィギンス 著，丹羽敏雄 監訳：新装版 非線形の力学系とカオス，Springer

Verlag 東京 (2000)

48) 池俣吉人，佐野明人，藤本英雄：平衡点の大域的安定化原理に基づくロバストな受動歩行，日本ロボット学会誌，Vol.26, No.2, pp.178-183 (2008)

49) 大須賀公一，桐原謙一：受動的動歩行機械 Quartet II の歩行解析と歩行実験，日本ロボット学会誌，Vol.18, No.5, pp.737-742 (2000)

50) 浦 大介，入部正継，大須賀公一，衣笠哲也：受動的動歩行の性質を利用した脚歩行ロボットの一設計方法――適応的機能を使用した形状と関節自由度構成の設計，計測自動制御学会論文集，Vol.51, No.5, pp.329-335 (2015)

51) 衣笠哲也，吉田浩治，小武健一，藤村 明，田中浩毅，小川浩平：バネ足首と扁平足による三次元受動歩行機，日本ロボット学会誌，Vol.27, No.10, pp.1169-1172 (2009)

52) T. Kinugasa, T. Ito, H. Kitamura, K. Ando, S. Fujimoto, K. Yoshida and M. Iribe：3D Dynamic Biped Walker with Flat Feet and Ankle Springs: Passive Gait Analysis and Extension to Active Walking, J. Robotics and Mechatronics, Vol.27, No.4, pp.444-452 (2015)

53) 西山正剛，野村泰伸，佐藤俊輔：3 次元剛体リンクモデルに基づく二足歩行運動中のゼロモーメント軌道の推定，電子情報通信学会技術研究報告，ME とバイオサイバネティクス，Vol.101, No.734, pp.59-64 (2002)

54) T. Kinugasa, et al.: Development of 3D Dynamic Walker RW05 based on Passive Dynamic Walking, Proceedings of The Twenty-First International Symposium on Artificial Life and Robotics 2016, pp.670-673 (2016)

55) 小山真理，山口伸一，久保翔達，大脇 大，石黒章夫：膝付き受動走行機械の実現，第 27 回日本ロボット学会学術講演会予稿集，RSJ2009AC3P-02 (2009)

56) D. Owaki, M. Koyama, S. Yamaguchi, S. Kubo and A. Ishiguro：A-2D Passive–Dynamic–Running Biped with Elastic Elements, IEEE Trans. Robotics, Vol.27, No.1, pp.156-162 (2011)

57) 吉岡秀隆，杉本靖博，大須賀公一：超多脚型受動的動歩行ロボット Jenkka–III の実機検証，日本機械学会ロボティクスメカトロニクス 2011 講演会予稿集，2A2-Q04 (2011)

58) T. McGeer：Stability and Control of Two–Dimensional Biped Walking, CSS-IS TR 88-01 (1988)

59) S. Collins, A. Ruina, R. Tedrake and M. Wisse：Efficient Bipedal Robots Based on Passive–Dynamic Walkers, Science, no.5712, pp.1082-1084 (2005)

60) K. Ono, F. Takasaki and T. Takahashi：Self–excited walkin go a biped mech-

anism, Int. J. Robotics Res., Vol.23, No.1, pp.55-68 (2004)
61) 細田　耕：柔らかヒューマノイド，化学同人 (2016)
62) 成岡健一，細田　耕：空気圧人工筋を装備した二脚ロボットの三次元動歩行，日本機械学会ロボティクスメカトロニクス講演会 2007 予稿集，1P1-F04 (2007)
63) K. Narioka, T. Homma and K. Hosoda：Humanlike Ankle–Foot Complex for a Biped Robot, Proceedings of 2012 12th International Conference on Humanoid Robots, pp.15-22 (2012)
64) 衣笠哲也，土師貴史，入部正継，小林智之，藤本真作，吉田浩治：ものづくり教育のための段ボール 3D 受動歩行機——設計法，歩行実験および授業の実践，日本ロボット学会誌，Vol.31, No.2, pp.154-160 (2013)
65) 岡山理科大学工学部機械システム工学科ロボット工学研究室ウェブサイト http://www.mech.ous.ac.jp/robotics/ （2016 年 8 月現在）
66) 山橋　亘，塚本　真：3D 受動歩行ロボットの製作，岡山理科大学工学部機械システム工学科平成 16 年度卒業論文 (2004)
67) T. Kinugasa and K. Yoshida：Lateral Motion Analysis of Passive Dynamic Walking with Flat Feet: Analytic Solution and Stability for One DOF System, Proc. of Intl. Conf. on Climbing and Walking Robots 2009, pp.631-638 (2009)
68) T. McGeer：Passive Dynamic Walking, Int. J. Robotics Res., Vol.9, No.2, pp.62-82 (1990)
69) 原島　鮮：力学 I—質点・剛体の力学—，裳華房 (1973)

索引

【あ】

アクリル	54
足裏形状	22
足裏の圧力中心	22
足底	14
足底形状	66
歩かない原因	66
安定	5, 127
——なシステム	127
安定化	14
安定解析	50
安定性	15, 16, 124

【い】

位相図	114, 121
位相平面	121
位置エネルギー	12
1次近似	52
一様な棒	46, 50, 74, 106
1リンク系	56
一般化座標	85
一般化速度	85
一般化力	85
移動形態	24
陰的制御	143

【う】

運動エネルギー	85, 138
運動解析	50
運動方程式	49, 52, 55
運動量	89
——のモーメント	91
運動量保存則	89

【え】

エネルギー回復方法	26
エネルギー効率	10
円弧足	12, 31
円柱	50
円板	107
——の慣性モーメント	107

【お】

オイラーの運動方程式	74, 106
扇形	50, 109
横断面	47
オーリング	33

【か】

解析力学	85
回転運動	52, 106
回転運動エネルギー	60, 79, 87
回転角度	73
回転中心	16
回転の運動方程式	74
回転半径	73
カオス	15, 18
カオス的歩行	20
角運動量	91
角運動量保存則	96, 136
角加速度	73
角周波数	58
角振動数	49, 58
角速度	73

【か】

片脚支持	16
片脚支持期	132
片脚全質量	51
冠状面	47
慣性項	81
慣性モーメント	49, 50, 74, 105
慣性力	73
関節	8
完全非弾性衝突	90, 135
簡略化モデル	45

【き】

機械系	83
基礎実験	64
軌道追従型2足歩行	27
軌道追従型歩行ロボット	18
軌道追従制御	5
脚	31, 46
——の回転角度	52
——の質量	104
脚間距離	63
——の変化	69
脚交換	133
ギャロップ	24
共振	49, 64
筋骨格系	26

【く】

空気圧人工筋	27
空気抵抗	53, 80

【け】

傾斜角	63

索引　171

【こ】

減　衰	80, 120
原点近傍	52, 57, 84, 123
合成関数	86
合成重心	99
構成論	4
構成論的アプローチ	23
剛　体	77
――の角運動量	94
――の慣性モーメント	77
――の重心	100
――の衝突	96
股関節	31, 50, 101
股関節位置の変化	68
股関節軸	45, 63
――の位置	65
――の重心	101
股関節軸中心	50
固有角振動数	52
固有振動	1
固有振動数	30, 49, 50, 55, 120
固有振動数計測	63
固有値	127
転がり運動	58
コンパスモデル	11, 130, 143

【さ】

サジタル面	47
座標系	47
座標成分	51
3次元2足受動歩行機	22, 45
3次元歩行	13

【し】

時間微分	72, 87
治　具	38, 67
軸受け	32
支持脚	10, 130
支持多角形	15, 17
指数位	115
質　点	72
――の円運動	73
質点系の角運動量	92
質　量	72
――の中心	98
斜　面	11, 63
周　期	49, 58
周期軌道	142
重　心	6, 16, 47, 98
――まわりの角運動量	93
重心位置	6, 49, 50
自由度	11, 12
周波数	58
重力項	81
受動走行	24
受動走行機械	24
受動的	9
受動的動歩行	16
受動歩行	5, 8, 9, 27
受動歩行機	1, 14
受動歩行軌道の安定性	130
受動歩行ロボット	14, 143
蒸気人間	4
詳細モデル	45
状態空間モデル	142
衝　突	88, 133
衝突問題	89, 134
正　面	31, 47, 114
正面モデル	55
除脳ネコ	8
自励振動	26
身体形状	20, 25
身体性	14, 23
振動数	49, 58

【す】

水平面	47
数理モデル	45, 55, 131
スキップ	24
スティック線図	56
ステップ時間	31, 48, 49, 52
ステンレス棒	31, 32

【せ】

制御工学	142
制御の視座	142
生物の知能	23
静歩行	15, 17
設計図	34
設計方法	45
セパラトリクス	124, 142
前額面	47
漸近安定	127
線形運動方程式	57
線形化	81
線形システム	114
――の解	116
線形常微分方程式	114
線密度	106

【そ】

双曲線	125
走行	6, 24
創発	8
足	31, 46, 50
足部	102
――の円弧中心	50
――の慣性モーメント	110
――の重心位置	103

【た】

腿部	102
――の慣性モーメント	108
――の重心	102
竹ひご	34, 40
多項式	82, 117
単振動	118
段ボール紙	34
段ボール受動歩行機	30, 31

【ち】

力のモーメント	14, 73, 106
知能	14

中　心	47	
長時間歩行	19	
直線運動	72	
直方体	46, 50	
直立姿勢の安定性	50	

【て】

定常歩行	18
テイラー展開	57, 81
適応性	15, 21
適応的な性質	20, 68
適応的な振舞い	20
転　置	86

【と】

動歩行	15, 17
動力学	10
倒立振子	16, 126, 132
トルク	73, 106
トロット	24

【に】

2関節筋	27
2次元歩行	13
20足受動歩行機	25
2足走行	6
2足歩行	1
2足歩行ロボット	5, 7
ニュートンの運動方程式	72, 89, 105
ニュートンの第2法則	72

【ね】

粘性係数	80
粘性項	81, 119
粘性抵抗	80, 114, 119
粘性抵抗力	84

【の】

能動的	9
能動歩行	9, 26, 27
——への拡張	26
ノ字型部品	34

【は】

8の字パターン	24
バネ・マス・ダンパー系	83

【ひ】

膝付モデル	12
微少質量	77
微少体積	77
非線形運動方程式	118
非線形システム	118, 122
非線形微分方程式	81
非線形モデル	144
ピッチ軸	47
ヒューマノイド	4, 5

【ふ】

不安定	16, 127, 132
フィードバック構造	143
フーリエ変換	114
復元力	84
複素変数	115
物理現象	12
物理量	50
不動点	18, 140
——の安定性	141
部分積分	115
部分分数展開	117
プラスチック段ボール	30
プラダン	30
振り子	11, 49, 56, 74, 85
——の運動	79
——の運動方程式	80, 88, 114
——の固有振動数	80
分　岐	20
分岐現象	20

【へ】

平行軸の定理	77, 106
平衡点	16, 124
並進運動	72, 105

並進運動エネルギー	60, 79, 87
ペース	24
べき級数	82
ベクトル積	91, 97
ベクトルの内積	79
ベクトル場	123
ヘビサイド展開	117
変位の時間微分	75
扁平足	22

【ほ】

ポアンカレ	18
ポアンカレ写像	141, 148
——の固有値	141, 148
歩　行	24
歩行機	3
——の安定性	50, 128
——の外形	50
——の材質	54
——の設計	21
——の設計指針	48
——の設計手順	49
——の設計方法	30
——の物理量	53
——のモデル	30
——は歩く	66
歩行機全体	14
——の運動エネルギー	60
——の運動方程式	58
——の慣性モーメント	111
——の固有振動	48
——の固有振動数	62, 65, 104
——の質量	51, 60, 104
——の重心位置	50, 59, 103
歩行軌道	18
——の安定解析	18
——の安定性	18, 130
歩行実験	63, 65
歩行周期	20, 48, 49

索引　173

歩行振動数	48	
ホッピング	6	
ポテンシャルエネルギー		
	60, 85, 88, 140	
歩幅	15, 31	
歩容	8, 11, 31, 63	
——を変化させる	68	

【ま】

マクローリン展開	57, 81
摩擦	53

【み】

密度	50, 77

【め】

面密度	108

【も】

モデル化	45
腿	31, 32, 46, 50

【や】

矢状面	47, 114
矢状面モデル	55

【ゆ】

遊脚	10
——の運動	48
——の運動方程式	52, 57
——の慣性モーメント	113
——の固有角振動数	57
——の固有振動	48
——の固有振動数	
	32, 52, 64, 104
——の重心位置	
	50, 56, 104
——のステップ時間	52
有理関数	117

【よ】

陽的制御	143
ヨー軸	14, 47

【ら】

ラグランジアン	60, 85
ラグランジュ手法	58
ラグランジュの運動方程式	
	61, 85
ラプラス逆変換	117
ラプラス変換	114

【り】

力学	49
——の基礎	72
離散時間系	142
離散力学系	18, 130
リムレスホイール	9, 130
——の運動解析	130
両脚支持期	133
リンク	8, 11

【る】

類似性	15
ルンゲ・クッタ法	118

【れ】

レーザ加工機	35
レ字型部品	34

【ろ】

ロール軸	47
ロコモーション	24
ロコモーション遷移	24, 26
ロボットの条件	14

【欧字】

Asimo	5	Jenkka	25	RW-P02A	54
Atlas	6	Lateral 方向	47	RW–P00	31
BigDog	6	McGeer	8	RW–P01	31
Biped	14	Petman	6	RW–P02	30, 32
BlueBiped	19	Pneumat	27	Speed モード	148
Hopping Machine	6, 27	P2	5	Swing モード	148
HRP	5	Qrio	6	Totter モード	148
		Quartet	20	WABOT	4
		RABBIT	10	ZMP	5, 22

― 著者略歴 ―

衣笠　哲也（きぬがさ　てつや）
1994 年　大阪府立大学工学部機械工学科卒業
1996 年　大阪府立大学大学院工学研究科博士前期課程修了（機械工学専攻）
1999 年　大阪府立大学大学院工学研究科博士後期課程修了（機械システム工学専攻）
　　　　博士（工学）
1999 年　津山工業高等専門学校助手
2002 年　岡山理科大学講師
2008 年　岡山理科大学准教授
2015 年　岡山理科大学教授
　　　　現在に至る

大須賀公一（おおすか　こういち）
1982 年　大阪府立大学工学部機械工学科卒業
1984 年　大阪大学大学院基礎工学研究科博士前期課程修了（制御工学専攻）
1984 年　株式会社東芝勤務
〜86 年
1986 年　大阪府立大学助手
1989 年　工学博士（大阪府立大学）
1992 年　大阪府立大学助教授
1998 年　京都大学助教授
2003 年　神戸大学教授
2009 年　大阪大学大学院教授
　　　　現在に至る

土師　貴史（はじ　たかふみ）
2005 年　岡山理科大学工学部機械工学科卒業
2007 年　岡山理科大学大学院工学研究科博士前期課程修了（機械システム工学専攻）
2011 年　岡山理科大学大学院工学研究科博士後期課程修了（システム科学専攻）
　　　　博士（工学）
2012 年　松江工業高等専門学校助教
2016 年　松江工業高等専門学校講師
　　　　現在に至る

受動歩行ロボットのすすめ
── 重力だけで 2 足歩行するロボットのつくりかた ──
Introduction to Passive Dynamic Walking
── How to Make Biped Robots that Walk via the Gravity ──
　　　　　　　　　　　Ⓒ Tetsuya Kinugasa, Koichi Osuka, Takafumi Haji 2016

2016 年 10 月 20 日　初版第 1 刷発行　　　　　　　　　　　★
2020 年 3 月 5 日　　初版第 2 刷発行

検印省略	著　者　衣　笠　哲　也 　　　　大　須　賀　公　一 　　　　土　師　貴　史 発行者　株式会社　コロナ社 　　　　代表者　牛来真也 印刷所　三美印刷株式会社 製本所　有限会社　愛千製本所

112−0011　東京都文京区千石 4−46−10
発 行 所　株式会社　コロナ社
CORONA PUBLISHING CO., LTD.
Tokyo Japan
振替 00140−8−14844・電話(03)3941−3131(代)
ホームページ　https://www.coronasha.co.jp

ISBN 978−4−339−04649−6　　C3053　　Printed in Japan　　　　　（齋藤）

〈出版者著作権管理機構　委託出版物〉
本書の無断複製は著作権法上での例外を除き禁じられています。複製される場合は，そのつど事前に，
出版者著作権管理機構（電話 03−5244−5088，FAX 03−5244−5089，e-mail: info@jcopy.or.jp）の許諾を
得てください。

本書のコピー，スキャン，デジタル化等の無断複製・転載は著作権法上での例外を除き禁じられています。
購入者以外の第三者による本書の電子データ化及び電子書籍化は，いかなる場合も認めていません。
落丁・乱丁はお取替えいたします。

システム制御工学シリーズ

(各巻A5判，欠番は品切です)

■編集委員長　池田雅夫
■編集委員　　足立修一・梶原宏之・杉江俊治・藤田政之

配本順				頁	本体
2.	(1回)	信号とダイナミカルシステム	足立修一著	216	2800円
3.	(3回)	フィードバック制御入門	杉江俊治／藤田政之共著	236	3000円
4.	(6回)	線形システム制御入門	梶原宏之著	200	2500円
6.	(17回)	システム制御工学演習	杉江俊治／梶原宏之共著	272	3400円
7.	(7回)	システム制御のための数学(1) ──線形代数編──	太田快人著	266	3200円
8.		システム制御のための数学(2) ──関数解析編──	太田快人著		
9.	(12回)	多変数システム制御	池田雅夫／藤崎泰正共著	188	2400円
10.	(22回)	適応制御	宮里義彦著	248	3400円
11.	(21回)	実践ロバスト制御	平田光男著	228	3100円
12.	(8回)	システム制御のための安定論	井村順一著	250	3200円
13.	(5回)	スペースクラフトの制御	木田隆著	192	2400円
14.	(9回)	プロセス制御システム	大嶋正裕著	206	2600円
17.	(13回)	システム動力学と振動制御	野波健蔵著	208	2800円
18.	(14回)	非線形最適制御入門	大塚敏之著	232	3000円
19.	(15回)	線形システム解析	汐月哲夫著	240	3000円
20.	(16回)	ハイブリッドシステムの制御	井村順一／東俊一／増淵泉共著	238	3000円
21.	(18回)	システム制御のための最適化理論	延山英沢昇共著／瀬部	272	3400円
22.	(19回)	マルチエージェントシステムの制御	東俊一／永原正章編著	232	3000円
23.	(20回)	行列不等式アプローチによる制御系設計	小原敦美著	264	3500円

定価は本体価格+税です。
定価は変更されることがありますのでご了承下さい。

図書目録進呈◆

機械系教科書シリーズ

(各巻A5判，欠番は品切です)

- ■編集委員長　木本恭司
- ■幹　　　事　平井三友
- ■編集委員　青木　繁・阪部俊也・丸茂榮佑

配本順			著者	頁	本体
1.	(12回)	機械工学概論	木本恭司 編著	236	2800円
2.	(1回)	機械系の電気工学	深野あづさ 著	188	2400円
3.	(20回)	機械工作法(増補)	平井三友・和田任弘・塚本晃久 共著	208	2500円
4.	(3回)	機械設計法	朝比奈奎一・黒田孝春・山本健二・三田純義・口田誠斎・古川　勉・荒井　洋・吉川浩一志 共著	264	3400円
5.	(4回)	システム工学	古川　勉・荒井克徳・吉浜　恵 共著	216	2700円
6.	(5回)	材料学	久保井徳恵 共著	218	2600円
7.	(6回)	問題解決のための Cプログラミング	佐中次男・藤村一理・昭郎 共著	218	2600円
8.	(7回)	計測工学	前田良一・木村至州・押田雅裕・田野晴彦 共著	220	2700円
9.	(8回)	機械系の工業英語	牧水秀之・生橋雄也 共著	210	2500円
10.	(10回)	機械系の電子回路	高阪部佑司・丸茂榮恭忠 共著	184	2300円
11.	(9回)	工業熱力学	木本藤田民友・藪井本崎田本坂田口石村田明 共著	254	3000円
12.	(11回)	数値計算法	伊藤男紀雄彦剛二夫 共著	170	2200円
13.	(13回)	熱エネルギー・環境保全の工学	藤田民友・田崎恭光 共著	240	2900円
15.	(15回)	流体の力学	山本坂田雅 共著	208	2500円
16.	(16回)	精密加工学	田口石村靖 共著	200	2400円
17.	(30回)	工業力学(改訂版)	吉米内山 共著	240	2800円
18.	(31回)	機械力学(増補)	青木　繁 著	204	2400円
19.	(29回)	材料力学(改訂版)	中島正貴 著	216	2700円
20.	(21回)	熱機関工学	越智敏明・老固本光也 共著	206	2600円
21.	(22回)	自動制御	吉阪部俊弘・飯田賢明 共著	176	2300円
22.	(23回)	ロボット工学	早川恭彦・櫟野順一・矢松重男 共著	208	2600円
23.	(24回)	機構学	重高洋敏 共著	202	2600円
24.	(25回)	流体機械工学	小池　勝 著	172	2300円
25.	(26回)	伝熱工学	丸茂榮佑・矢尾匡永・牧野秀州 共著	232	3000円
26.	(27回)	材料強度学	境田彰芳 編著	200	2600円
27.	(28回)	生産工学 ―ものづくりマネジメント工学―	本位田光重郎・皆川健多郎 共著	176	2300円
28.		CAD／CAM	望月達也 著		

定価は本体価格+税です。
定価は変更されることがありますのでご了承下さい。

図書目録進呈◆

メカトロニクス教科書シリーズ

(各巻A5判，欠番は品切です)

■編集委員長　安田仁彦
■編集委員　末松良一・妹尾允史・高木章二
　　　　　　藤本英雄・武藤高義

配本順		書名	著者	頁	本体
1.	(18回)	新版 メカトロニクスのための 電子回路基礎	西堀賢司 著	220	3000円
2.	(3回)	メカトロニクスのための 制御工学	高木章二 著	252	3000円
3.	(13回)	アクチュエータの駆動と制御（増補）	武藤高義 著	200	2400円
4.	(2回)	センシング工学	新美智秀 著	180	2200円
5.	(7回)	CADとCAE	安田仁彦 著	202	2700円
6.	(5回)	コンピュータ統合生産システム	藤本英雄 著	228	2800円
7.	(16回)	材料デバイス工学	妹尾允史・伊藤智徳 共著	196	2800円
8.	(6回)	ロボット工学	遠山茂樹 著	168	2400円
9.	(17回)	画像処理工学（改訂版）	末松良一・山田宏尚 共著	238	3000円
10.	(9回)	超精密加工学	丸井悦男 著	230	3000円
11.	(8回)	計測と信号処理	鳥居孝夫 著	186	2300円
13.	(14回)	光工学	羽根一博 著	218	2900円
14.	(10回)	動的システム論	鈴木正之他 著	208	2700円
15.	(15回)	メカトロニクスのための トライボロジー入門	田中勝之・川久保洋二 共著	240	3000円

定価は本体価格+税です。
定価は変更されることがありますのでご了承下さい。

図書目録進呈◆

ロボティクスシリーズ

(各巻A5判，欠番は品切です)

- ■編集委員長　有本　卓
- ■幹　　　事　川村貞夫
- ■編集委員　石井　明・手嶋教之・渡部　透

配本順				頁	本体
1. (5回)	ロボティクス概論	有本　卓編著		176	2300円
2. (13回)	電気電子回路 —アナログ・ディジタル回路—	杉田　進彦 山中克彦 小西　聡	共著	192	2400円
3. (12回)	メカトロニクス計測の基礎	石井　明 木股雅章 金　　透	共著	160	2200円
4. (6回)	信号処理論	牧川方昭著		142	1900円
5. (11回)	応用センサ工学	川村貞夫編著		150	2000円
6. (4回)	知能科学 —ロボットの"知"と"巧みさ"—	有本　卓著		200	2500円
7.	モデリングと制御	平井慎一 坪内孝司 秋下貞夫	共著		
8. (14回)	ロボット機構学	永井　清 土橋宏規	共著	140	1900円
9.	ロボット制御システム	玄相昊編著			
10. (15回)	ロボットと解析力学	有本　卓 田原健二	共著	204	2700円
11. (1回)	オートメーション工学	渡部　透著		184	2300円
12. (9回)	基礎 福祉工学	手嶋教之 米本川良谷 相佐孝二 相川訓朗 糟谷紀之清	共著	176	2300円
13. (3回)	制御用アクチュエータの基礎	川村貞夫 野方誠 田所諭 早川恭弘 松浦貞裕	共著	144	1900円
15. (7回)	マシンビジョン	石井　明 斉藤文彦	共著	160	2000円
16. (10回)	感覚生理工学	飯田健夫著		158	2400円
17. (8回)	運動のバイオメカニクス —運動メカニズムのハードウェアとソフトウェア—	牧川方昭 吉田正樹	共著	206	2700円
18. (16回)	身体運動とロボティクス	川村貞夫編著		144	2200円

定価は本体価格+税です。
定価は変更されることがありますのでご了承下さい。

図書目録進呈◆

新版 ロボット工学ハンドブック

日本ロボット学会 編
（B5判／1,154頁／本体32,000円）
CD-ROM付

編集委員長　増田良介（東海大学）

刊行のことば

「ロボット工学ハンドブック」が刊行されてからすでに15年が経過しようとしています。ロボット工学の分野はこの間飛躍的な進歩を遂げてきており，このたび，現代のロボット工学・技術に対応すべく全面的に改訂を行った「新版ロボット工学ハンドブック」を刊行することになりました。旧版の発行より十年余の間にヒューマノイドロボット，ペットロボット，福祉ロボットなどが登場し，加藤一郎前委員長の予測が徐々に現実のものとなりつつあります。これはコンピュータをはじめとする関連技術の進歩もありますが，ロボット研究者・技術者のたゆまぬ地道な努力に支えられたものにほかなりません。そして「ロボット工学ハンドブック」もその発展の一助になってきたと考えられます。

本ハンドブックは旧版と同様に，専門家だけでなく幅広い読者を対象としたものです。そしてロボットの専門分野とともに学際的な知識が得られるように配慮して構成し，今後の発展が期待されるロボットの先進的な分野や応用分野についてもできる限り網羅的に収録しています。本書は，ロボットに関連するあらゆる分野のさらなる発展に資することが期待されます。

主要目次

〔**第1編：基礎**〕ロボットとは／数学基礎／力学基礎／制御基礎／計算機科学基礎，〔**第2編：要素**〕センサ／アクチュエータ／動力源／機構／材料，〔**第3編：ロボットの機構と制御**〕総論／アームの機構と制御／ハンドの機構と制御／移動機構，〔**第4編：知能化技術**〕視覚情報認識／音声情報処理／力触覚認識／センサ高度応用／プラニング／自律移動，〔**第5編：システム化技術**〕ロボットシステム／モデリングとキャリブレーション／ロボットコントローラ／ロボットプログラミング／シミュレーション／操縦型ロボット／ヒューマンインタフェース／ロボットと通信システム／ロボットシステム設計論／分散システム／ロボットの信頼性，安全性，保全性，人間共存性，〔**第6編：次世代基盤技術**〕ヒューマノイドロボット／マイクロロボティクス／バイオロボティクス，〔**第7編：ロボットの製造業への適用**〕インダストリアル・エンジニアリング／製造業におけるロボット応用／各種作業とロボット／ロボットを取り巻く法律等，〔**第8編：ロボット応用システム**〕製造業以外の分野へのロボット応用／医療用ロボット／福祉ロボット／特殊環境・特殊作業への応用／研究・教育への応用，〔**資料**〕

本書の特長

1990年版発行から十余年のロボット関連の研究・開発・応用の進展に対応するため，350ページ増を含めて全面改訂／ヒューマノイドロボット，マイクロ・ナノロボット，医療・福祉ロボットなど新しいテーマについて解説を収録／ロボット応用（製造業）では経営システム工学の専門家の協力を得て生産管理の面から応用まで体系的に解説／各編の内容を10ページに要約して紹介し，ハンドブック全体の内容を短時間に把握可能として使いやすさを実現／ハンドブックを起点に発展的に活用できるよう参考文献を充実／CD-ROMに本文で紹介の写真・図や関連の動画とともに，詳細目次・索引，1500語の英日対応用語集などを収録し，多岐に利用できるようにした。

定価は本体価格＋税です。
定価は変更されることがありますのでご了承下さい。　　　図書目録進呈◆